U0265584

21世纪

普通高等教育电气信息类规划教材

基于网络的
新型集散控制系统

申忠宇　赵　瑾　主编

化学工业出版社

·北京·

本书以 WebField JX-300XP 系统为对象，在介绍基于网络的新型集散控制系统基本知识以及组成和特点的基础上，重点对 WebField JX-300XP 集散控制系统的硬件、软件体系结构、现场控制站、操作站、工程师组态以及在过程控制中的应用等内容进行详细论述。

全书共 9 章，由基础篇、系统篇、综合篇三个单元组成。基础篇主要介绍集散控制系统发展状况、基本组成和特点，集散控制系统的硬件、软件体系结构，集散控制系统的工程项目设计技术以及性能评价指标；系统篇以 WebField JX-300XP 系统为例，主要介绍 WebField JX-300XP 系统的硬件、软件结构，以及现场控制站、操作站、工程师站等内容；综合篇主要讲述 WebField JX-300XP 系统在过程控制实验以及自动化综合实习中的设计和应用等内容。

本书注重实际，突出应用，内容上简明扼要、图文并茂、通俗易懂，便于教学和自学。相关章节后均附有习题，便于读者掌握所学内容。

本书适合作为大专院校自动化、电气工程及其自动化等相关专业课程的教材或教学参考书；还可以作为对自动化从业人员的培训教材；也可供从事集散控制系统自控工程设计、应用、开发工作的工程技术人员阅读、参考。

图书在版编目（CIP）数据

基于网络的新型集散控制系统/申忠宇，赵瑾主编. —北京：化学工业出版社，2009.12（2022.1重印）
21世纪普通高等教育电气信息类规划教材
ISBN 978-7-122-07624-3

Ⅰ. 基… Ⅱ.①申…②赵… Ⅲ. 集散系统-高等学校-教材 Ⅳ.TP273

中国版本图书馆 CIP 数据核字（2010）第 009069 号

责任编辑：郝英华　　　　　　　装帧设计：尹琳琳
责任校对：蒋　宇

出版发行：化学工业出版社（北京市东城区青年湖南街 13 号　邮政编码 100011）
印　　装：北京建宏印刷有限公司
720mm×1000mm　1/16　印张12½　字数247千字　　2022 年 1 月北京第 1 版第 6 次印刷

购书咨询：010-64518888　　　　　　售后服务：010-64518899
网　　址：http：// www.cip.com.cn
凡购买本书，如有缺损质量问题，本社销售中心负责调换。

定　　价：38.00元

前　言

集散控制系统（Distributed Control System，DCS）作为自动化技术、计算机技术、网络技术等发展的产物，已成为实现生产过程自动化的重要控制装置，在工业过程控制中得到广泛应用，在提高生产操作、控制、管理水平等方面起到重要作用，并取得明显的经济效益。

WebField JX-300XP 系统是基于 Web 技术的网络化控制系统，是一套全数字化、结构灵活、功能完善的开放式集散控制系统。该系统具有系统全集成与灵活配置特点，并吸收了最新的网络技术、微电子技术成果，充分应用了最新信号处理技术、高速网络通信技术、可靠的软件平台和软件设计技术以及现场总线技术，采用了高性能的微处理器和成熟的先进控制算法，全面提高了系统性能，广泛应用于工业现场，同时也是各高校相关专业教学的主要机型。

本书以 WebField JX-300XP 系统为对象，在介绍基于网络的新型集散控制系统基本知识以及组成和特点的基础上，重点对 WebField JX-300XP 集散控制系统的硬件、软件体系结构、现场控制站、操作站以及工程师组态进行了详细论述。本书的特点之一，以 WebField JX-300XP 集散控制系统作为机型，特别将自动控制系统的工程应用与集散控制系统的工程设计紧密结合，打破以往相关书籍只注重理论讲解，缺少实际工程应用；特点之二，将 WebField JX-300XP 集散控制系统机型直接与过程控制装置结合，开发一系列基于集散控制系统的过程控制实验以及自动化综合实习，改变以往书籍只有集散控制系统应用实例而无与集散控制系统相关实验的状况。

本书在编写过程中注重精选内容，结合实际，突出应用，内容上力求简明扼要、图文并茂。本着实用的原则，侧重 DCS 工程应用。相关章节后均附有习题，便于读者掌握所学内容。

全书共 9 章，由基础篇、系统篇、综合篇三个单元组成。基础篇由第 1～3 章构成，主要介绍集散控制系统的基础知识，其中第 1 章介绍集散控制系统发展状况、基本组成和特点，第 2 章介绍集散控制系统的硬件、软件体系结构，第 3 章介绍集散控制系统的工程项目设计技术以及性能评价指标；系统篇由第 4～7 章构成，以浙江中控 WebField JX-300XP 系统为例，主要介绍 WebField JX-300XP 系统的硬件、软件结构，以及现场控制站、操作站、工程师站、过程控制网络等内容；综合篇由第 8、9 章构成，主要介绍 WebField JX-300XP 系统在过程控制实验以及自动化综合实习中的设计和应用等内容。

全书由南京师范大学申忠宇、赵瑾主编，狄利明、刘如成参与第 8、9 章部分内容的编写工作，陈明、许洁参与相关资料的整理工作，吉同舟、沈世斌等对本书的编写提供了帮助。此外，本书在编写过程中得到了浙江中控技术股份有限公司邵长军的关心和支持。本书编写工作同时得到了南京师范大学"2008 年校级教育教学改革研究课题"资金的资助。在此一并表示感谢。

限于编者的水平和经验，书中难免存在缺点和错误，恳请广大读者批评指正。

编者

2009 年 12 月

目　　录

● 基础篇：
○ 集散控制系统的基础知识

1 集散控制系统发展及应用

2 集散控制系统的体系结构

3 集散控制系统的工程项目设计技术

1 集散控制系统发展及应用

在工程和科学的发展过程中，自动控制技术起着重要的作用，作为自动控制技术之一的集散控制系统，通过应用计算机技术、通信技术、控制技术和CRT显示技术（简称4C技术），实现对生产过程的分散控制、集中操作监视和管理。集散控制系统以危险分散、控制分散而操作和管理集中的设计思想，采用分层、分级和合作自治的结构形式，适应现代工业的生产和管理要求，具有很强的生命力和显著的优越性。集散控制系统的先进、可靠、灵活和操作简便特点，被广泛应用于化工、石油、电力、冶金和造纸等工业领域。本章首先对过程控制技术发展进行了概述，重点阐述了集散控制系统的基本概念、组成、特点以及发展过程，并对三大网络化控制系统PLC、DCS和FCS进行了比较和分析。

1.1 自动控制技术概述

工业自动控制技术在工业、农业、国防和科学技术现代化中起着十分重要的作用，自动控制水平的高低也是衡量一个国家科学技术水平先进与否的重要标志之一。随着国民经济和国防建设的发展，工业自动控制技术的应用日益广泛，其作用也越来越显著。

1.1.1 自动控制技术与工业自动化

自动控制技术作为工业控制自动化应用技术，主要用于解决生产过程的自动控制和生产效益问题。虽然自动控制系统本身并不直接创造效益，但它对企业生产过程有明显的提升作用。工业自动化是自动化技术、电子技术、仪器仪表技术、计算机和其他信息技术等的综合集成技术，通过运用控制理论、仪器仪表、计算机和其他信息技术，实现对工业生产过程的检测、控制、优化、调度、管理和决策，达到增加产量、提高质量、降低消耗、确保安全等目的的综合性应用。图1-1为自动控制技术实现工业自动化的应用系统框图，其中自动控制技术是由诸如嵌入式微控制器、可编程

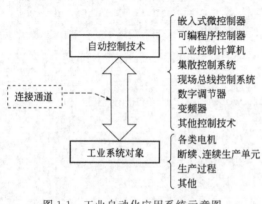

图1-1 工业自动化应用系统示意图

序控制器、工业控制计算机、集散控制系统、现场总线控制系统、数字调节器、变频器以及其他控制技术（现场总线技术、无线通信技术、无线传感器网络技术等）构成，工业系统对象包括各种电动机、生产单元、生产过程等；连接通道则完成控制装置与控制对象之间的信号连接或者网络通信连接。

1.1.2 过程自动控制技术的发展历史

工业生产过程是把原材料转变成产品并具备一定生产规模的过程，生产过程总是在一定工艺参数条件下进行的，通过应用过程控制技术，对诸如电机启、停等开关量（即状态量），以及电流、温度、流量、压力、液位、成分等模拟量这些参数进行测量、运算、控制和显示观察，实现生产过程的自动化。因此，过程控制技术的发展与控制理论、仪表技术、计算机技术、电子与微电子技术、流程工业技术等多种学科与技术的发展有着紧密的关系。过程控制技术的发展过程可分为如下几个阶段。

① 20 世纪 50 年代，过程控制技术是基于气动信号标准的基地式气动控制仪表系统，即第一代过程控制体系结构——气动控制系统（Pneumatic Control System，PCS）。

② 20 世纪 60 年代，以单元组合仪表为代表的具有明显不同特点的产品，主要是气动单元组合式、电动单元组合式（Ⅱ型、Ⅲ型）仪表，自动控制系统也由简单控制系统发展成为复杂控制系统，控制方式由基地式发展为集中控制方式。这时的过程控制技术是基于模拟电流信号标准的电动单元组合式模拟仪表控制系统，即第二代过程控制体系结构——模拟控制系统（Analogous Control System，ACS）。

③ 20 世纪 70 年代初期，因数字计算机的使用产生了集中式数字控制系统，即第三代过程控制体系结构——计算机控制系统（Computer Control System，CCS）。

④ 20 世纪 70 年代后期至 80 年代，微处理机出现和应用，1975 年，美国 Honeywell 公司首先推出 TDC2000 集散控制系统。TDC2000 诞生后，在欧洲、日本又相继出现了许多不同品牌的集散控制系统，集计算机技术，控制技术、网络技术、通信技术于一身的集散控制系统，将过程控制带入了崭新的计算机时代。过程控制技术进入第四代过程控制体系结构——集散控制系统（Total Distributed Control System，DCS）。

⑤ 20 世纪 90 年代，现场总线技术的出现，又给工业自动化带来了新的一场革命，工业过程控制进入网络化时代，产生了新一代的过程控制体系结构——现场总线控制系统（Fieldbus Control System，FCS）。

工业生产过程控制自动化的目标也从过去的维持生产变为优质高产、低消耗、低污染。随着生产力的发展，世界市场的激烈竞争，高质量、高效益、高节能、低成本及市场的高度适应性，将成为过程控制进一步追求的目标，实现生产过程的生产、管理、产品更新与技术发展的综合自动化。

随着控制技术，计算机技术和网络技术的高速发展，以及它们之间的相互发展和相互渗透，新的交叉体系即"控制到网络"以及"网络到控制"的产生，也使工业过程控制系统体系发生了根本变革。网络化过程控制系统的不断发展和更新，特别是现场总线技术的应用使工厂底层信息集成的实现成为可能，并且将工厂级网络延伸至现场设备级，从而促使综合自动化系统（CIPS）迅速发展，最终实现能适应生产环境不确定性和市场需求多样性的全局优化智能生产体系。

1.2　集散控制系统的概述

集散控制系统（Total Distributed Control System，DCS），又称分布式计算机控制系统，是以微处理器为基础的集中分散型控制系统，以满足现代化工业生产和日益复杂的控制对象的要求为前提，应用于生产过程监视、控制技术发展和计算机与网络技术的一种新型过程控制系统，集散控制系统的"集"含义是集中管理，"散"含义是分散控制，它们是集散控制系统的主要特征。

现代化工业技术的飞速发展，使工业生产过程的控制规模不断扩大，复杂程度不断增加，因而对过程控制和生产管理系统提出了越来越高的要求。信息技术的发展也导致了自动化领域的深刻变革，并逐渐形成了自动化领域的开放系统互联通信网络，形成了全分布式网络集成化自控系统。集散控制系统作为一种多机系统，即多台计算机分别控制不同的对象或设备，各自构成子系统，各子系统间有通信或网络互联关系，从整个系统来说，在功能上、逻辑上、物理上以及地理位置上都是分散的。总之，以计算机网络为核心组成的控制系统都是集散控制系统，它是控制技术、计算机技术、通信技术和 CRT 显示技术的结晶，并且已经在工业控制领域得到广泛应用，成为过程工业自动控制的主流之一。

随着计算机技术、网络通信技术的发展，开放性系统不仅使不同生产厂商的集散控制系统产品互联，而且使得它们可以方便地进行数据交换以及第三方软件的应用。引进的集散控制系统以及自主开发的集散控制系统，应用的工业控制领域已遍及了石油化工、冶金、炼油、建材、纺织、制药以及电力系统等各行各业。通过对集散控制系统的学习、分析和研究，更好地掌握集散控制系统的组成、选择、设计和应用方法，具有实际意义。

1.2.1　集散控制系统的发展状况

自 1975 年在美国诞生了世界上第一套集散控制系统，在短短的三十几年中DCS 经历了四代发展变迁，系统的功能不断完善，开放性不断增强，可靠性和互操作性也大为提高，已经成为工业领域中举足轻重的过程控制装置。从当前集散控制系统的发展趋势来看，主要体现在：①系统的功能从低层（现场控制层）逐步向高层（监督控制、生产调度管理）扩展；②控制功能由基本回路控制逐步发展到综合的逻辑控制、顺序控制、程序控制、批量控制及配方控制等混合控制功能；③DCS厂家专有产品逐步改变为开放的市场采购产品；④开放性使DCS标准化更易于第三方产品集成；⑤数字化和网络化发展使DCS将控制功能向现场延伸，改变DCS体系结构，成为更加智能化、更加分散化的新一代集散控制系统。

（1）第一阶段（1975～1980年）为DCS的初创期

这一时期DCS已具备集散控制系统的分散控制装置、操作管理装置和数据通信系统三大基本组成，其技术特点表现如下。

① 比较注重控制功能的实现，设计重点在过程控制站。采用以微处理器为基础的过程控制单元（Process Control Unit），实现分散控制。

② 人机界面功能相对较弱，采用带CRT显示器的操作站，操作站与过程控制单元分离，实现集中监视、集中操作、系统信息综合管理与现场控制相分离，体现了集散控制系统的基本特征。

③ 采用较先进的冗余通信系统，通过高速通信网络将过程控制单元的信息与操作站和上位计算机进行传递，实现分散控制和集中管理。鉴于当时网络技术的不成熟，厂家开发各自通信技术即高速数据总线（又称数据高速公路），使DCS系统不能像仪表系统那样可以实现信号互通和产品互换。系统的维护运行成本也高，应用范围受到一定的限制。

图1-2为第一代DCS基本结构示意图。DCS在控制功能上比仪表控制前进了一大步，解决了许多仪表控制系统所无法实现的复杂控制；同时DCS的可靠性和灵活性等方面又大大优于直接数字控制系统。DCS一经推出就显示了强大的生命力，得到了迅速的发展。这一时期的典型产品有Honeywell公司的TDC2000，Taylor公司的MOD300，Foxboro公司的SPECTRUM，横河公司的CENTUM，西门子公司的TELEPERM M，肯特公司的P4000等。

（2）第二阶段（1980～1985年）为DCS的成熟期

20世纪80年代随着超大规模集成电路的出现，产生了第二代集散控制系统，

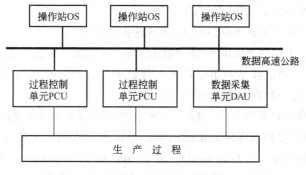

图 1-2 第一代 DCS 基本结构

其组成为局域网（Local Area Network）、多功能 CPU、主计算机、增强型操作站（Enhanced Operation Station）、网间连接器（Gate Way）和系统管理站六大部分，图 1-3 为第二代 DCS 的基本结构。这一时期 DCS 的技术特点如下。

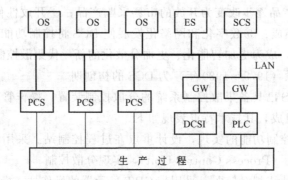

图 1-3　第二代 DCS 基本结构

LAN—局域网；PCS—过程控制站；ES—工程师站；SCS—监控计算机；OS—操作站；
GW—网间连接器；DCSI—第一代 DCS；PLC—可编程控制器

① 引入了先进的局域网（LAN）技术，扩大了通信范围，提高了传送速率，逐步靠近计算机系统。但各厂家网络通信机制各不相同。

② 过程控制站采用了 16 位或 32 位微处理技术，板级模块化和单元结构化，控制功能兼有连续控制、顺序控制、批量控制和数据采集监控。

③ 操作管理站是局域网上的一个节点，除了具备集散控制系统通用功能外，图形用户界面更加丰富，使操作人员可以通过 CRT 的显示得到更多的生产现场信息、系统控制信息以及系统管理维护信息。

④ 加强了全系统的管理功能，通过上位计算机（主机），实现复杂运算和较强的管理能力，同时利用网间连接器（GW），与其子网络或其他网络连接。

显而易见，如果说第一阶段集散控制系统以实现分散控制为主的话，第二阶段集散控制系统则是以实现全系统信息的管理为主。但各制造厂的网络协议依然各自为政，使集散控制系统之间的数据通信存在一定的困难。这一时期的典型产品有 Honeywell 公司的 TDC-3000，Bailey 公司的 NETWORK-90，西屋（Westinghouse）公司的 WDPF，ABB 公司的 MASTER 等。

（3）第三阶段（1985 年以后）为 DCS 的扩展期

自 1987 年，美国的 Foxboro 公司推出了 I/As 系统，标志着集散控制系统进入了第三阶段。网络通信技术的迅速发展，打破了"自动化孤岛"，建立了标准化的网络通信协议。这一时期 DCS 的技术特点如下。

① DCS 开始走向开放。采用标准的网络通信协议和网络产品，生产厂家将目光转向了只有物理层和数据链路层的以太网，以及以太网之上的 TCP/IP。这时的 DCS 向上有条件的与工厂自动化协议（Manufacture Automation Protocol，MAP 协议）和 Ethernet（以太网）连接，构成自动化综合管理系统；向下支持标准化的

现场总线，与各类智能仪器实现数字通信。

② 现场控制站普遍采用 32 位微处理器，处理信息量扩大，功能增强，标准算法中开始包括复杂控制算法；采用专用集成电路和表面安装技术，使各种板卡上的元件数更少、体积更小，控制站的可靠性更高。

③ 操作站的操作界面更为友好，操作功能更为强大。采用高分辨率显示器、触摸屏、鼠标器以及 Windows 窗口技术，使 DCS 操作简单。在人机界面工作站、服务器和各种功能站的硬件和基础软件上全部采用了市场采购的商品，极大地方便了对 DCS 系统的维护并使 DCS 成本大大降低。

④ 采用实时多用户、多任务的操作系统，提供多种组态编程工具，把过程控制、过程优化和管理调度有机结合起来，构成较大范围的企业信息管理系统。

⑤ DCS 系统规格更加多样性，满足了大、中、小规模生产装置的需要。

总之，这个时期的 DCS 已经形成了直接控制、监督控制和协调优化、上层管理三层功能结构，即当前现代 DCS 的标准体系结构，如图 1-4 所示，这样的体系结构使 DCS 成为了典型的计算机网络系统，通过实施直接控制功能的现场控制站，在其功能逐步成熟并标准化之后，DCS 必将成为整个计算机网络系统中的一类功能节点。此时的集散系统产品有 Foxboro 公司的 I/A S，Honeywell 公司的 TDC-3000 UCN，横河公司的 CENTUM-XL 和 μXL 以及 CENTUM CS3000 和 CS1000，Bailey 公司的 INFI-90，西屋公司的 WDPF Ⅱ、日立公司的 HIACS 系列以及 Rosemount 公司的 Delta V 等。

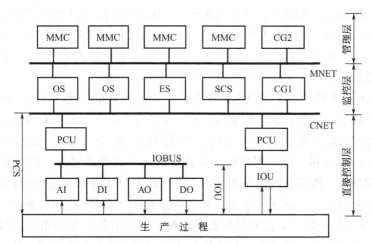

图 1-4 第三代 DCS 基本结构

PCS—过程控制站；PCU—过程控制单元；IOU—输入输出单元；AI—模拟量输入；

DI—数字量输入；AO—模拟量输出；DO—数字量输出；OS—操作员站；

ES—工程师站；IOBUS—输入输出总线；CNET—控制网络；

MNET—生产管理网络；SCS—监控计算机站；

CG—计算机网关；MMC—生产管理计算机

（4）第四阶段（现在）为新一代集散控制系统，又称第四代 DCS

DCS 发展到第三阶段，尽管采用了一系列新技术，但是面向生产过程的现场控制层依然没有摆脱常规模拟仪表，即一对一模拟信号（4～20mA DC）传输，接入 DCS 控制站的输入输出单元（IOU），因此制约了 DCS 的发展。随着信息技术、网络通信技术、计算机硬件技术、嵌入式系统技术、现场总线技术、各种组态软件技术、数据库技术等的高速发展，各 DCS 生产厂商不断提升各自 DCS 产品的技术水平，丰富并扩展其功能。第四代 DCS 的主要标志是信息化（Information）和集成化（Integration），其技术特点如下。

① 全厂实时控制、SCADA 监控以及工厂资源管理 MES，提供开放的接口保证第三方的 ERP、CRM、SCM 等功能的集成。

② 功能的集成和产品集成。

③ 混合控制，不再划分 DCS 还是 PLC，几乎包容了过程控制、逻辑控制和批处理控制。

④ 现场控制站小型化、开放性、智能化和低成本。

⑤ 全面支持某种程度的开放性。

新一代集散控制系统体系结构与以往集散控制系统结构的区别在于增加了底层的现场控制层，如图 1-5 所示。以往 DCS 厂商主要提供除管理层之外的三层结构，而管理层则通过开放的数据库接口，连接第三方的管理软件平台。新一代集散控制系统的典型产品有西门子公司的 SIMATIC PCS7，Honeywell 公司的 TPS、Plantscape 和 Experion PKS（过程知识系统），Emerson 公司的 PlantWeb（Emerson Process Management），横河公司的 CS3000-R3（工厂资源管理系统），Foxboro 公司的 A2，ABB 公司的 Industrial IT 等系统。可以说第四代 DCS 是一套集成化的综合信息系统。

20 世纪 90 年代现场总线技术的重大突破，以及公布的现场总线国际标准和生产相应的现场总线数字仪表，给集散控制系统的变革带来了希望和可能，产生了新的一代过程控制体系结构——现场总线控制系统（Fieldbus Control System，FCS），如图 1-6 所示。随着用户对系统性价比、开放性的追求，FCS 也开始渗透到过程控制领域。现场总线控制系统一方面突破了 DCS 采用通信专用网络的局限，采用了基于公开化、标准化的解决方案，克服了封闭系统所造成的缺陷；另一方面把 DCS 的集中与分散相结合的集散系统结构，变成了新型全分布式结构，将控制功能彻底下放到现场。开放性、分散性与数字通信是现场总线控制系统最显著的特征。现场总线给传统的仪表信号标准、通信标准、系统标准和自控系统的体系结构、设计方法、安装调试方式等带来了新的思路，对传统的控制系统结构与维护维修方法带来了全新的概念。

随着半导体集成技术、数据存储和压缩技术、网络通信技术的发展，集散控制系统还将继续发展，特别是在系统小型及微型化、现场仪表智能化、现场总线标准

8

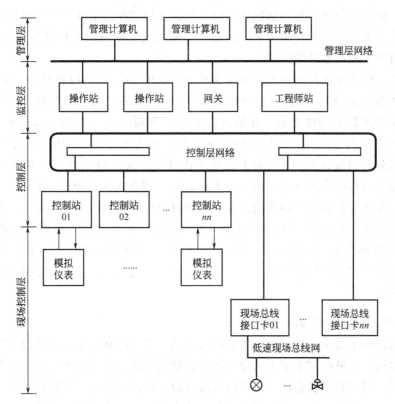

图 1-5　第四代集散控制系统的体系结构示意图

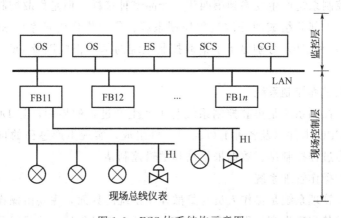

图 1-6　FCS 体系结构示意图

OS—操作站；ES—工程师站；SCS—监控计算机站；CG—计算机网关；

LAN—局域网；FB11～FB1n—现场总线接口；H1—低速现场总线网

化、通信网络标准化，DCS 与 PLC 互相渗透，监控计算机、PC 机进入 DCS 系统，
系统软件引入应用专家系统和人工智能等方面将进一步完善；集散控制系统的功能
已不再只局限于生产过程的控制，整个工厂、集团公司的管理工作也将在 DCS 系

统中得到应有的位置；现场总线技术的应用，使集散控制系统以全数字化的崭新面貌出现在工业生产过程控制领域中；集散控制系统更加适应各种过程控制的需要，将会取得更大的技术经济效益。

目前，国产集散控制系统技术研制及应用始于 1978 年，以和利时、浙江中控、上海新华为代表 DCS 厂家经过 30 年的努力，形成了自己的产品系列，在与国外产品的竞争中占据了一席之地。如第四代 DCS：和利时的 MACS-Smartpro DCS 系统、浙江中控的 Webfield（ECS）DCS 系统、上海新华的 XDPF-400 DCS 系统。上述三家公司积极努力，通过竞争成功地将自主开发的 DCS 系统应用在各种工业现场，逐步取得用户的认可，例如，上海新华公司在火力发电方面取得显著成绩，浙江中控在化工控制等方面业绩突出，和利时公司在核电、热电、化工、水泥、制药以及造纸等方面取得了一定的业绩。可以说，三家公司最大的贡献是把国外的 DCS 价格降到了原来的 40% 以下，为 DCS 在国内工业企业的普及应用，特别是在中小型企业中的应用做出了贡献，在电力、轻工、化工、石化等行业得到了较为广泛的应用。

1.2.2 集散控制系统的基本组成

随着微电子技术、计算机技术、网络通信技术、控制技术和软件技术等的发展和相互渗透，集散控制系统也从原来各自为政的系统向着开放型、网络化系统体系结构发展。尽管各个制造厂商生产的集散控制系统产品繁多，但是各自产品既有共性又有个性，了解共性，再分析它们各自的个性，可以获得意想不到的效果。

自集散控制系统产生发展到第四代，产品多种多样，但是集散控制系统的基本组成主要由三大部分组成即分散过程控制系统、集中操作管理系统和通信网络系统。图 1-7(a) 和（b）分别显示了集散控制系统的基本组成以及 DCS 产品的基本结构。

（1）分散过程控制系统

分散过程控制系统是集散控制系统与工业生产过程的界面，是 DCS 的核心部分，分别由 CPU 卡件以及各种 I/O 接口卡件组成，实现生产过程的自动控制。按功能又可分为过程控制站、数据采集站和逻辑控制站。

（2）集中操作管理系统

集中操作管理系统是操作人员与集散控制系统的界面，主要由操作站和工程师站构成，通过其实现生产过程的实时监控、了解生产过程运行状况以及各种参数的变化，具有良好的人机界面和操作性。

（3）通信网络系统

集散控制系统的数据传输主要依赖于强有力的通信网络系统，通过其连接集散控制系统的各个部分，完成数据、指令和其他信息的传递，实现分散过程控制系统与集中操作管理系统之间各种信息通信以及数据资源的共享。

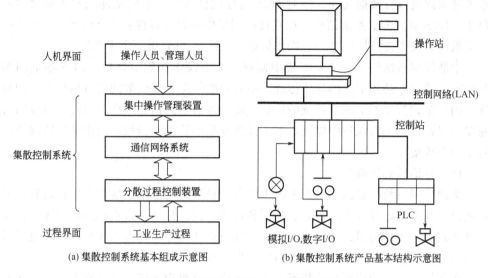

(a) 集散控制系统基本组成示意图   (b) 集散控制系统产品基本结构示意图

图 1-7　集散控制系统的基本组成框架

随着开放系统（Open System，OS）的提出，以及计算机技术、网络技术以及现场总线技术的发展，促使集散控制系统技术向数字化、网络化、综合化、智能化的方向发展。从图 1-5 的第四代 DCS 结构体系可以看出，新型集散控制系统的结构体系按功能分层，自下而上分为现场控制级、过程控制级、车间操作管理级、全厂优化和调度管理级四层，信息自下向上集中，自上向下分散，构成了新型集散控制系统的基本结构。

1.3　集散控制系统的特点

集散控制系统自 20 世纪 70 年代中期推出以来之所以经久不衰，是因为它始终紧跟时代的发展而不断丰富和完善，具备常规控制仪表无法比拟的一系列优点，主要表现在以下七个方面：分散性和集中性、自治性和协调性、网络性和开放性、灵活性和扩展性、先进性和继承性、可靠性和适应性、友好性和新颖性。

（1）分散性和集中性

集散控制系统的分散性含义是广义的，不单是分散控制，还有地域分散、设备分散、功能分散和危险分散的含义。分散的目的是使危险分散，提高系统的可靠性和安全性。DCS 采用分级递阶结构，最简单的 DCS 系统在垂直方向上分为两级，即过程控制级和过程管理级；较复杂的 DCS 系统在垂直方向上分为三级，即过程控制级、过程管理级、生产管理级，或四级，即过程控制级、过程管理级、生产管理级、经营管理级。在水平方向上，如过程控制级的控制站、数据监测站间是相互联系协调的同一层级，数据向上送达操作管理级，同时接收操作管理级的指令，各水平分级间也进行数据交换。同时 DCS 的分散性体现在它的硬件积木化和软件模块化，DCS 横向分子系统结构，如直接控制层中一台过程控制站（PCS）可看做一个子系统；操作监控层中的一台操作员站（OS）也可看做一个子系统。

集散控制系统的集中性是指集中监视、集中操作和集中管理。DCS 通信网络和分布式数据库是集中性的具体体现，用通信网络把物理分散的设备构成统一的整体，用分布式数据库实现全系统的信息集成，进而达到信息共享。因此，可以同时在多台操作员站上实现集中监视、集中操作和集中管理。当然，操作员站的地理位置不必强求集中。

（2）自治性和协调性

集散控制系统的自治性是指系统中的各台计算机均可独立地工作，如过程控制站能自主地进行信号输入、运算、控制和输出；操作员站能自主地实现监视、操作和管理；工程师站的组态功能更为独立，既可在线组态，也可离线组态，甚至可以在与组态软件兼容的其他计算机上组态，形成组态文件后再装入 DCS 运行。

集散控制系统的协调性是指系统中的各台计算机用通信网络互联在一起，相互传送信息，相互协调工作，以实现系统的总体功能。

总之，DCS 的分散和集中、自治和协调不是互相对立，而是互相补充。DCS 的分散是相互协调的分散，各台分散的自主设备是在集中管理和协调下各自分散独立地工作，构成统一的有机整体。正因为有了这种分散和集中的设计思想，自治和协调的设计原则，才使 DCS 获得进步发展，并得到广泛应用。

（3）网络性和开放性

先进的网络通信技术引入，保证了集散控制系统的实时控制信息的传输，以及全系统的信息综合传输和管理。随着标准化的硬件和软件构成的开放式系统建立，集散控制系统的原有网络体系结构产生根本的变革，朝着网络化开放性系统发展。

自第三代 DCS 开始，采用局部通信网络技术，传输实时控制信息，进行全系统信息综合管理，对分散的过程控制单元、人机接口单元进行控制、操作管理。网络传输速率一般可达 5～10Mbps 甚至更高，通信的可靠性和安全性得到保障。网络通信协议日益标准化，使以 DCS 为基础的工厂信息管理系统的构建更为方便，系统组态和操作更为简单，大大提高了排除系统故障以及调节操作能力，同时使系统工程师的远程维护成为可能。

开放性体现在 DCS 可以从三个不同层面与第三方产品相互连接，即企业管理层的各种管理软件平台的连接；工厂车间层的第三方软件（先进控制产品 SCADA 平台、MES 产品和 BATCH 处理）连接；支持多种网络协议（以太网为主）以及在装置控制层可以支持多种 DCS 单元（系统）、PLC、RTU、各种智能控制单元等，以及各种标准的现场总线仪表与执行机构。在开放性的同时必须充分考虑系统的安全性和可靠性。

随着开放系统、网络通信技术和平台技术的发展，产品的选择更加灵活，软件组态功能越来越强大灵活，但是每一个特定的应用都需要一个独特的解决方案，所以专业化的应用知识和经验是当今工业自动化厂商或系统集成商成功的关键因素。各 DCS 厂家在宣传各自 DCS 技术优势的同时，更要宣传自己的行业方案设计与实施能力，为不同的用户提供专业化的解决方案并实施专业化的服务。

（4）灵活性和扩展性

集散控制系统品种繁多，但是其基本组成依然由操作站、控制站和数据通信总线等构成。用户可以据自己对控制系统的大小和需要，选用或配置不同类型、不同功能、不同规模的控制系统，配置灵活方便，便于扩展。

DCS 硬件采用积木式结构，可以灵活地配置成小、中、大控制系统。还可以根据企业的财力或生产要求，逐步扩展系统，改变系统的配置；而 DCS 软件采用模块式结构，通过各类功能模块灵活的组态构成复杂的各类控制方案。同时根据生产工艺和流程的改变，随时在线修改控制方案。

（5）先进性和继承性

集散控制系统综合 4C 技术，在硬件上采用先进的计算机、通信网络和屏幕显示技术；软件上采用先进的操作系统、数据库、网络管理和算法语言；控制算法上采用自适应、预测、推理、优化等先进算法，建立了生产过程数学模型和专家系统。集散控制系统具有丰富的功能软件包，提供控制运算模块、控制程序软件包监视软件包、显示程序包、信息检索和报表打印程序包等。最新的 DCS 系统提供功能模块法、高级语言编程设计等多种组态方法，控制功能模块的连接方式则包括表格、图形等方式，采用的编程语言包括 C 语言、Portran、Basic 等高级语言以及专用控制语言等。

DCS 自问世以来，更新换代比较快。当出现新型 DCS 时，老 DCS 作为新 DCS 的一个子系统继续工作，新、老 DCS 之间还可互相传递信息。DCS 的继承性，给用户消除了后顾之忧，不会因为新、老 DCS 之间的不兼容，给用户带来经济上的损失。

（6）可靠性和适应性

安全可靠性是 DCS 的头等问题，特别是连续运行的生产过程，可靠性就更为重要，一旦出现故障，其损失有时甚至大大超过 DCS 本身的价值。提高系统可靠性最直接的方法，就是在系统总体设计时加入可靠性设计环节。可靠性设计是用于保证设计质量，即保证系统可靠性、系统性能、系统效率、系统安全等指标的设计。

DCS 采用了一系列冗余技术，如控制站主机、I/O 板、通信网络和电源等均可双重化，而且采用热备份工作方式，自动检查故障，一旦出现故障立即自动切换；DCS 安装了一系列故障诊断与维护软件，实时检查系统的硬件和软件故障，并采用故障屏蔽技术，使故障影响尽可能地小；在硬件设计上，DCS 采用高性能的电子元器件、先进的生产工艺和各项抗干扰技术，使 DCS 能够适应恶劣的工作环境；DCS 系统内部有很强的自诊断功能，可热插拔 I/O 卡件，减少了系统故障的诊断时间，缩短了故障修复时间。

总之，控制分散、危险分散，而操作和管理集中是 DCS 的基本设计思想。分级递阶式结构，灵活、易变更、易扩展是 DCS 的特点。

（7）友好性和新颖性

随着微处理技术、人机工程学以及显示技术的不断发展，DCS 为操作人员提供了更加友好的人机界面，通过真彩色、高分辨率（1024×768 以及以上）的显示器、专用集成键盘和触摸屏、滚动球或鼠标等定位设备，提供多窗口显示方式，操作更加便捷。

DCS 的新颖性主要表现在人机界面，采用动态画面、工业电视、合成语音等多媒体技术，图文并茂，形象直观，使操作人员有如身临其境之感。

1.4 PLC、DCS、FCS 三大网络化过程控制系统的比较

流程生产自动控制（PA）（或习惯称之为工业过程控制）中，有三大网络化过程控制系统，即 PLC、DCS 和 FCS，图 1-8 为 PLC、DCS 和 FCS 的系统基本配置简图。

PLC 主要应用于逻辑控制、顺序控制、批量控制；DCS 主要应用于连续过程控制；FCS（现场总线控制系统）则是以现场总线为基础贯穿于生产现场，在测量、执行机构（过程控制现场仪表）和控制设备（控制室操作站）之间实现双向、串行、多节点数字通信的控制系统，实质上是将 DCS、PLC 控制系统的远程分散在现场控制站，I/O 的现场总线功能延伸到现场的测量控制仪表、执行器。随着计算机技术、网络通信技术以及控制技术等的不断发展，使 PLC、DCS 和 FCS 之间的差别正在不断缩小，如图 1-9 所示。

（1）PLC 与 DCS 的结合

Sienmens 公司 S7 系列的基于 PLC 的网络化集散控制系统的结构，如图 1-10所示。其中底层 PLC 作为从 PLC，从 PLC 的 AI/AO、DI/DO 模块以及其他功能模块实现对现场设备的控制，并通过 I/O 链路、远程 I/O 实现与现场远程设备的通信；上层 PLC 作为主 PLC 实现整个系统的监控，通过工业以太网连到管理计算机上。

OMRON 公司的基于 PLC 的集散控制系统网络拓扑图如图 1-11 所示，该网络分为信息层、控制层和元件层三层网络体系，其中信息层采用以太网，主要面向管理用计算机；控制层为 Controller Link 网，它是支持能共享数据的数据链接和在需要时发送和接收数据的信息服务的一种令牌总线网；元件层主要采用 A-B 公司开发的 Device Net 网络。

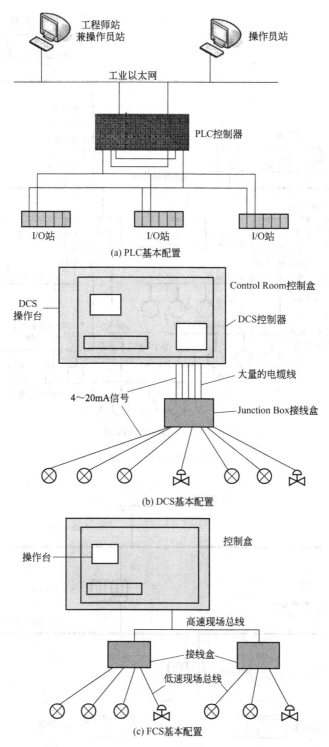

图 1-8 PLC、DCS 和 FCS 的系统基本配置简图

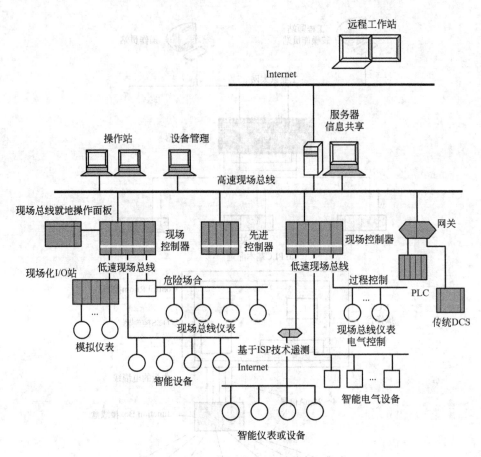

图 1-9 PLC、DCS 和 FCS 的融合、集成

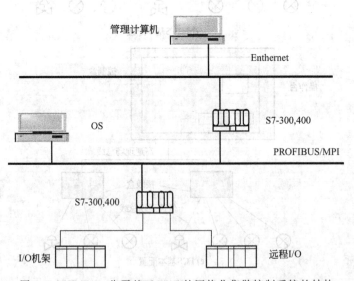

图 1-10 Siemens 公司基于 PLC 的网络化集散控制系统的结构

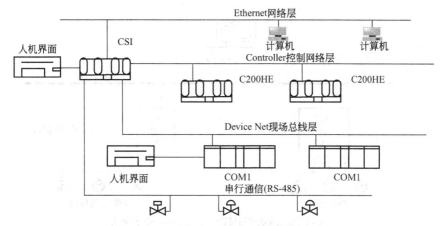

图 1-11　OMRON 公司的基于 PLC 的集散控制系统网络拓扑图

（2）DCS 与 FCS 结合

继承 DCS 结构体系，又体现现场总线的开放性和互操作性的思想，充分综合 DCS 和 FCS 的优势，形成的新型 DCS 控制系统，如图 1-12 所示为现场总线与 DCS 结合的三种结构形式。随着工业以太网的日益成熟，与之形成的 Internet 和 Intranet 的发展，促使 DCS 在其互联上下工夫。在系统集成的大环境下，彻底摘掉 DCS "孤岛" 的帽子，充分发挥其特色，真正实现分散型控制系统。

由此可见，当今的 PLC、DCS 和 FCS 实质上已经不能从字面的意义理解为三种控制系统，它们的集成发展互为因果、互相补充和促进、互相融合和渗透。有些行业 FCS 是由 PLC 发展而来；而在另一些行业，FCS 又是由 DCS 发展而来。所以 FCS 是由 DCS 与 PLC 发展而来的，FCS 不仅具备 DCS 与 PLC 的特点，而且跨出了革命性的一步。FCS 与 PLC 及 DCS 之间有着千丝万缕的联系，又存在着本质的差异，具体比较如下。

① PLC 系统与 DCS 系统的结构差异不大，只是在功能上的着重点不同，DCS 着重于连续控制及数据处理；PLC 着重于逻辑控制及顺序控制。目前新型 DCS 与新型 PLC，都有向对方靠拢的趋势。新型 DCS 也有很强的顺序控制功能；而新型 PLC 在处理闭环控制方面也不差，并且两者都能组成大型网络，DCS 与 PLC 的适用范围已有很大的交叉。

自从 20 世纪 90 年代 FCS 走向实用化以来，双向数字通信现场总线信号制以及由它而产生的巨大推动力，加速了现场装置与控制仪表的变革，开发出了越来越多功能完善的智能现场装置；同时 FCS 吸收了 DCS 多年开发研究以及现场实践的经验与教训。由此得出结论 "FCS 将取代 DCS"，似乎也是顺理成章之事，但是 DCS 系统发展几十年来，它的设计思想、组态配置、功能匹配等已达十分完善的程度，并且在 FCS 系统中也有些体现，所以在当今的实际工程应用中 DCS 系统仍有用武之地。PLC 在 FCS 系统中的地位似乎已被确定并无多少争论，某些现场总

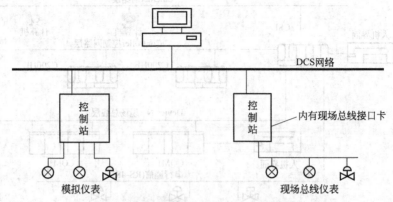

(a) 现场总线仪表通过接口卡直接挂在DCS的控制站

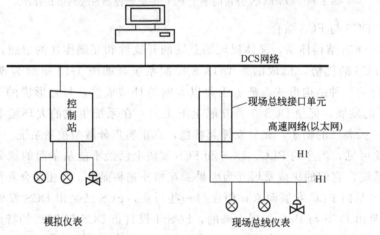

(b) 现场总线通过其接口单元挂在DCS的通信网络

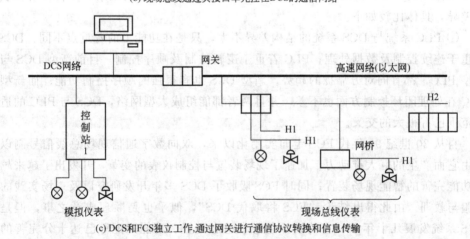

(c) DCS和FCS独立工作,通过网关进行通信协议转换和信息传输

图 1-12　现场总线与 DCS 结合的三种结构形式

18

线控制系统体系结构中 PLC 作为一个站挂在高速总线上，充分发挥 PLC 在处理开关量方面的优势，以及 PLC 对于顺序控制的独特优势。

② DCS 系统的关键是通信。数据公路是分散控制系统 DCS 的"脊柱"，其自身的设计就决定了总体的灵活性和安全性。FCS 系统的核心是总线协议，总线协议一经确定，相关的关键技术与有关的设备也就被确定。各类总线协议的基本原理都是以解决双向串行数字化通信传输为基本依据，但由于各种原因，各类总线的总线协议存在很大的差异；FCS 系统的硬件支撑是数字智能现场装置，如果现场装置不遵循统一的总线协议，则所谓双向数字通信只是一句空话，也不能称之为现场总线控制系统。因此对于一个控制系统，无论是采用 DCS 还是采用 FCS，系统需要处理的信息量至少是一样多的。当然采用现场总线后，可以从现场得到更多的信息，同时传输信息的线缆大大减少，一方面要大大提高线缆传输信息的能力，另一方面要让大量信息在现场就地完成处理，减少现场与控制机房之间的信息往返，所以 FCS 本质就是信息处理的现场化。

③ DCS 与 FCS 进行比较。DCS 系统是个大系统，其控制器功能及重要性尤为突出，数据公路更是系统的关键，因此整体投资一步到位，事后的扩容难度较大。而 FCS 功能下放较彻底，信息处理现场化，数字智能现场装置的广泛采用，使得控制器功能与重要性相对减弱。比较而言，FCS 系统投资起点低，可以边用、边扩、边投运。

尽管新型 DCS 系统正在逐步改变自封闭式系统，但是各公司产品基本不兼容、不开放。而 FCS 系统是开放式系统，用户可以选择不同厂商、不同品牌的各种设备连入现场总线，达到最佳的系统集成。

DCS 系统的信息全都是由二进制或模拟信号形成的，必须有 A/D 与 D/A 转换。而 FCS 系统是全数字化，就免去了 D/A 与 A/D 变换，高集成化高性能，使精度提高。

DCS 控制和监视工艺全过程，对自身进行诊断、维护和组态。但是 DCS 的 I/O 信号采用模拟信号，无法通过工程师站对现场仪表（含变送器、执行器等）进行远程诊断、维护和组态。FCS 采用全数字化技术，双向数字通信现场总线信号制使 FCS 可以对现场装置（含变送器、执行机构等）进行远程诊断、维护和组态。FCS 的这点优越性是 DCS 无法比拟的。

FCS 信息处理现场化，与 DCS 相比，省去相当数量的隔离器、端子柜、I/O 终端、I/O 卡件、I/O 柜，同时也节省了 I/O 装置及控制室的空间与占地面积。同时 FCS 相对于 DCS 组态简单，结构、性能标准化，FCS 便于安装、运行和维护。

现场总线有 8 种国际标准类型，每个总线协议都有一套软件、硬件的支撑。开放的现场总线控制系统的互操作性是针对某一个特定类型的现场总线而言，只要遵循该类型现场总线的总线协议，其产品就是开放的以及互操作的。但是要实现各类现场总线的相互兼容和互操作，就目前状态而言，几乎是不可能的。

由此可以得到以下结论，DCS 不会消亡，FCS 的出现，只是改变 DCS 的中心地位，DCS 可作为现场总线的一个站点。DCS 处于控制系统中心地位的局面将逐步被打破，FCS 将处于控制系统中心地位，成为兼有 DCS 功能的一种新型控制系统。

思考题和习题 1

1-1 自动控制技术主要包括哪些内容？

1-2 集散控制系统集 4 项技术于一身，其主要特征是什么？

1-3 通过画图说明集散控制系统的基本组成，各部分的作用是什么？画出新一代 DCS 的体系结构图。

1-4 新型集散控制系统的主要特点是什么？新型集散控制系统为什么是开放系统？

1-5 为什么 DCS 的控制分散不是彻底分散，而现场总线控制系统的控制是彻底分散？

1-6 PLC、DCS 和 FCS 的最主要的区别在哪里？请指出 DCS 和 FCS 之间的异同点。

2 集散控制系统的体系结构

随着电子技术、计算机技术、通信技术、网络技术、控制技术、软件技术、显示技术等系统技术的发展和应用，集散控制系统也在不断地更新，使原来各自为政的 DCS 向着开放型、网络化全数字通信体系发展。尽管各个制造厂商生产的集散控制系统产品在硬件的互换性、软件的兼容性、操作的一致性上很难达到统一，但是其体系结构仍然具有相同或相似的部分。本章从一般意义上对 DCS 的分层体系结构进行分析，简单介绍了几种典型的 DCS 产品及特点，同时对 DCS 系统的硬件体系、软件体系和网络通信体系进行了分析和归纳，使读者对 DCS 控制系统的学习和理解有清晰的框架，以便正确使用 DCS。

2.1 集散控制系统的体系结构概述

自 1975 年第一台 DCS 系统诞生之后，工业自动化控制进入了一个崭新的时期。经过几十年的发展，过程控制系统的体系结构发展经历了：集中型计算机控制系统，多级计算机控制系统，集散型计算机控制系统和计算机集成综合系统。纵观整个过程控制的发展与计算机技术、网络通信技术的发展紧密联系，但是这时的计算机控制系统都是自我封闭，并不是按照一种工业标准来生产制造。到了 20 世纪 90 年代以后，开放系统结构融入到系统设计中，尽管各制造厂商宣称自己的产品朝开放系统发展，但是为了自身的利益，对开放系统的定义很难达到统一。集散控制系统的体系结构是以多层计算机网络为依托，将分布在全厂范围内的各种控制设备和数据处理设备连接在一起，实现各部分的信息共享和协调工作，共同完成各种控制、管理及决策功能。因此，从集散控制系统的结构形式而言大体类似，结构组成上有很大差别，可通过对集散控制系统的体系结构共性的了解，掌握不同型号的集散控制系统的个性。

2.1.1 集散控制系统层次化体系结构

图 2-1 所示为一个集散控制系统分层体系结构，自下而上分别是：现场控制级、过程控制级、过程操作管理级、全厂优化和经营管理级。对应着这四层结构，分别由四层计算机网络，即现场网络（Field Network，Fnet）、控制网络（Control Network，Cnet）、监控网络（Supervision Network，Snet）和管理网络（Management Network，Mnet），把相应的设备连接在一起。由此可见，新型集散控制系统

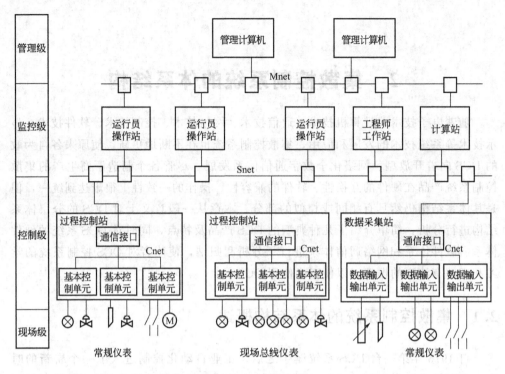

图 2-1　集散控制系统的典型结构示意图

的四层结构体系刻画了当前 DCS 的开放型结构体系，使集散控制系统方便地与生产管理的上位计算机相互交换信息，形成计算机一体化生产系统，实现全厂信息管理一体化。

（1）现场控制级

现场控制级的设备一般位于被控生产过程设备的附近。典型的现场设备是各类传感器、变送器和执行器。它们将生产过程中的各种物理量转换为电信号或符合现场总线协议的数字信号（数字智能现场装置），传递控制站或数据采集站；或者将控制站输出的控制器信号（4～20mA 的电信号或现场总线数字信号）转换成机械位移，带动调节机构，实现对生产过程的控制。目前现场控制级的信息传递有三种方式，一种是传统的 4～20mA（或者其他类型的模拟量信号）模拟量传输方式；另一种是现场总线的全数字量传输方式；还有一种是在 4～20mA 模拟量信号上，叠加上调制后的数字量信号的混合传输方式。

按照传统观点，现场控制级不属于集散控制系统的结构体系范畴，但随着现场总线技术的飞速发展，网络技术已经延伸到现场，微处理机已经引入到现场变送器、传感器和执行器，形成数字智能现场装置，现场信息已经成为整个系统信息中不可缺少的一部分。新型集散控制系统的现场控制级通过现场总线实现对智能现场装置与控制系统的数字式、双向传输、多分支结构的通信，达到真正的分散控制系统。现场控制级的功能主要表现如下。

① 采集现场过程数据，并对数据进行转换、控制和处理。

② 直接通过智能现场装置输出过程操作命令。

③ 实现真正的分散控制，形成数字化控制系统。

④ 开放式互联网络，完成与控制级及过程操作管理级的数据通信，实现网络数据库共享，以及对智能现场装置的组态。

⑤ 对现场控制级的设备进行在线监测和诊断。

（2）过程控制级

通常，集散控制系统通过过程控制级与现场仪表装置诸如变送器、传感器、执行器等连接，实现自动控制。过程控制级通常安装在控制室，分为过程控制站、数据采集站和逻辑控制站。过程控制级主要功能表现在以下几个方面。

① 采集过程数据，即对被控设备中的每个过程量和状态信息进行快速采集，进行数据转换与处理，获取所需要的输入信息。

② 对生产过程进行监视和控制，实施各类控制功能以及编程控制功能，达到实时控制过程量（如开关量、模拟量等）的目的。

③ 设备监测和系统的测试、诊断，以及 I/O 卡件自诊断。

④ 实施安全性、冗余化方面的措施：一旦发现计算机系统硬件或控制板有故障，就立即实施备用的切换，保证整个系统安全运行。

⑤ 与过程操作管理级进行数据通信。

（3）过程操作管理级

过程操作管理级以中央控制室的操作监控站、工程师站和计算站为中心，其中工程师站和计算站处在工程师室（计算机室），配置了打印机、硬拷贝机等外部设备，组成人机接口站，过程操作管理级主要功能表现如下。

① 通过通信网络，直接获取过程控制级的实时数据，同时对生产过程进行监视管理、故障检测和数据存档。

② 对过程控制级的各种过程数据进行显示、记录及处理。

③ 对过程控制级进行过程组态及维护操作管理，同时进行过程及系统的报警、事件的诊断和处理。

④ 各种报表的生成、打印以及画面的拷贝。

⑤ 实现系统的组态、维护和优化处理。

⑥ 通过网络功能进行工程数据的共享，实现实时数据的动态交换。

⑦ 设置安全机制，确保过程操作管理级安全可靠地运行。

⑧ 实现对生产过程的监督控制、运行优化和性能计算以及先进控制策略的实施。

（4）全厂优化和经营管理级

全厂优化和经营管理级是全厂自动化系统的最高一层，只有大规模的集散控制系统才具备这一级。它是从系统观念出发，除了工程技术方面以外，还从原料进厂到产品的销售，市场和用户分析、订货、库存到交货，生产计划等进行一系列的优化协调，从而降低成本，增加产量，保证质量，提高经济效益。此外还应考虑商业事务、人事组织以及其他各方面，并与办公自动化系统相连，实现整个系统的最优化。

全厂优化和经营管理系统的主要任务是监测企业各部分的运行情况，利用历史数据和实时数据预测可能发生的各种情况，从企业全局利益出发辅助企业管理人员进行决策，帮助企业实现其规划目标。因此要求管理级计算机能够具备以下几点。

① 具有能够对控制系统做出高速反应的实时操作系统。

② 能够对大量数据进行高速处理与存储。

③ 具有能够连续运行可冗余的高可靠性系统。

④ 能够长期保存生产数据，并具有优良的、高性能的、方便的人机接口。

⑤ 丰富的数据库管理软件、过程数据收集软件、人机接口软件以及生产管理系统生成等工具软件，实现整个工厂的网络化和计算机的集成化。

管理级可以分成实时监控和日常管理两部分。实时监控是全厂各机组和公用辅助工艺系统的运行管理层，承担全厂性能监视、运行优化、全厂负荷分配和日常运行管理等任务。日常管理承担全厂的管理决策、计划管理、行政管理等任务，主要是为厂长和各管理部门服务。

2.1.2 集散控制系统体系结构的典型产品

集散控制系统的分层体系结构分为四层，各层具有自己的功能。但是作为具体的集散控制系统产品而言，并不是四层功能都具备。大多数中小规模的 DCS 控制系统只有第二、三层，新型 DCS 控制系统具有第一层至第三层，甚至第四层，在大规模或超大规模的 DCS 控制系统中具有完全的四层结构体系模式。从目前世界上集散控制系统产品来看，多数具备第一、二、三层，第四层的功能只附带，但是将来的趋势必定是开放性的 DCS 系统同时向上和向下双向延伸，使来自生产过程的现场数据在整个企业内部自由流动，实现信息技术与控制技术的无缝连接，向测控管一体化方向发展。

下面介绍几种典型的 DCS 产品，以便对新型集散控制系统建立起一个感性的认识。

（1）Honeywell 公司的 TDC-3000 系统

早期的 TDC-3000 系统采用二层体系结构——直接控制层和操作监控层，如图 2-2 所示。随着计算机技术和网络通信技术不断发展，使 TDC-3000 系统的体系结构发生了变化，增加了企业管理层，形成了由现场直接控制层（由 Data Highway 和 UCN 连接的各种控制模块组成）、操作监控层（由 LCN 连接的底层控制网和人机界面等功能单元组成）和工厂管理层（由 PCN 连接的控制层和管理层组成）的

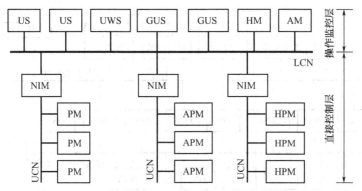

图 2-2　Honeywell 公司的 TDC-3000 DCS 系统结构示意图

PM—过程管理站；APM—先进过程管理站；HPM—高性能过程管理站；

UCN——万能控制网络；NIM—网络接口模块；LCN—局部控制网络；

US—通用操作站；UWS—通用工作站；GUS—全局用户操作站；

HM—历史模块；AM—应用模块

三层体系结构。同时，Honeywell 公司所推出的各代系统都具有向前的兼容性，用户可以在已有系统的基础上通过扩充新设备实现系统的升级，从中也可清晰地看到 DCS 发展的过程和脉络。其缺点是系统显得有些烦琐，为了追求兼容性，不得不增加了很多接口单元，这必然会影响运行效率，而且对用户来说，通过在旧系统上增加新模块实现系统升级的办法，在费用上也不会太低。TDC-3000 可以说是一个典型从底层控制逐步发展到高层管理的系统。随后 Honeywell 公司又推出 TotalPlant 全厂一体化系统（TPS），这是一种功能强大、配置灵活、结构开放的自动化系统，经济高效地集营销和生产管理、先进过程控制、全厂历史数据及信息管理于一体，其通信网络系统为局域控制网络（LCN）、万能控制网络（UCN）、高速数据公路（DH）和现场总线，图 2-3 为 TPS 的系统结构示意图。

（2）Simatic（西门子）公司的 Simatic PCS7 全集成自动化（TIA）

Simatic PCS7 集散控制系统是 Simatic 公司的产品，Simatic PCS7 全集成自动化（TIA）系统是一个全集成、结构完整、功能完善、面向整个生产过程的新一代过程控制系统。西门子公司结合最先进的计算机软、硬件技术，在 S5、S7 系列可编程控制器及 TELEPERM 系列集散系统的基础上，面向所有过程控制应用场合的先进过程控制系统。其体系结构如图 2-4 所示。SIMATIC PCS7 的主要特点如下。

① Simatic PCS7 是基于全集成自动化思想的系统，其集成的核心是统一的过程数据库和唯一的数据库管理软件，所有的系统信息都存储于一个数据库中，大大增强了系统的整体性和信息的准确性。

② Simatic PCS7 采用工业以太网和 PROFIBUS 现场总线的通信网络系统。利用开放的现场总线和工业以太网实现现场信息采集和系统通信，PROFIBUS 具有

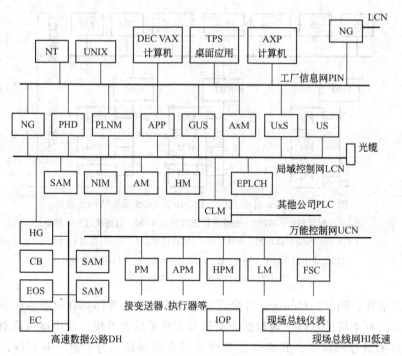

图 2-3　Honeywell 公司的 TPS 系统结构示意图

简单和稳定可靠的特点，用于全球范围的加工和生产行业以及混合型工业的所有生产领域。

③ Simatic PCS7 采用 S7 自动化系统作为现场控制单元实现过程控制，以灵活多样的分布式 I/O 接收现场传感检测信号，同时采用 WinCC 软件作为操作和监控的人机界面的操作系统。采用符合 IEC61131-3 国际标准的编程软件和现场设备库，提供连续控制、顺序控制及高级编程语言，现场设备库的大量常用现场设备信息及功能块，简化了组态工作，缩短工程周期。

（3）YOKOGAWA（横河）公司的 CENTUM CS3000/CS1000 系统

CENTUM CS3000/CS1000 是日本横河公司在 20 世纪 90 年代中期推出的基于 PC 系统的集散控制系统，它将 DCS 的性能与 PC 完美结合，并采用 Windows NT 操作系统，组态和监控界面为窗口式管理方式，在 PC 机上实现全部集散控制系统的功能。CENTUM CS3000/CS1000 的通信网络系统从下到上分别采用 RIO-bus（远程输入/输出总线）、V-net、Ethernet 和 FDDI（光缆分布数据接口）通信网络，如图 2-5 所示。随着计算机技术和网络技术的不断发展，CENTUM CS3000/1000 系统也在不断地更新和发展，其系统结构体系如图 2-6 所示。

（4）ABB 公司的 Industrial IT 系统

Industrial IT 系统是 ABB 公司最新推出的控制管理一体化系统，其核心设计理念是高度集成化的工厂信息，系统集成了 ABB 公司的 800xA 控制系统，具有过

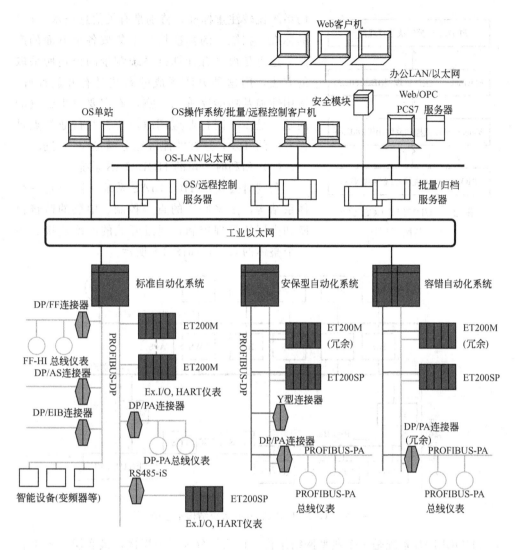

图 2-4　SIMATIC PCS7 全集成自动化系统的体系结构

程控制、逻辑控制、操作监视、历史趋势及报警处理等综合性的系统控制能力，同时支持多种现场总线、OPC 等开放系统标准，形成了从现场控制到高层经营管理的一体化信息平台，如图 2-7 所示。

Industrial IT 系统以控制网络为核心，向下连接现场总线型网络，向上连接工厂管理网络。该系统最大的特点是其开放性，据 ABB 公司认证机构提供的数据，到 2003 年年底，已有 36000 种产品可以接入系统的"属性目标"软件，被纳入统一的信息框架，实现完全的即插即用，信息共享。这些产品既有 ABB 自己的，也有第三方提供的。

Industrial IT 系统是一个典型的采用"自顶向下"设计方式形成的系统，这样

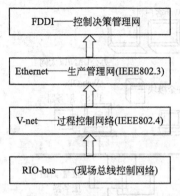

图 2-5 CENTUM CS3000
的控制网络层次

的系统比较注重标准，特别是有关信息技术（IT）的标准，在统一的标准构架上集成各个方面的产品。这也是很多有计算机系统背景的公司所采取的方法，用这种方法形成的系统具有开放性好、适用性强及功能完善的特点，而它要着重解决的问题，是在不同行业应用时，要针对行业特点进行专门的开发，这样才能够充分满足应用需求。

（5）和利时公司的 HOLLIAS 系统

和利时公司的 HOLLIAS 系统实际上是一种体系结构，是将底层的直接控制、中层的监督控制和高层的管理控制，通过开放的网络连接成为一个整体的系统，如图 2-8 所示。

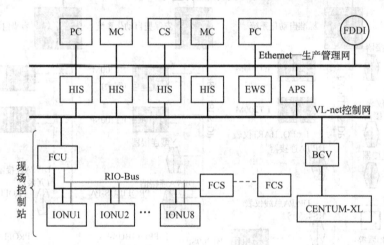

图 2-6 CENTUM CS3000 系统结构示意图

HOLLIAS 系统是一个典型网络结构，该系统分为三个层次，最底层是各个装置的控制、环境控制及防灾报警安全控制等直接控制与自动化功能，这些功能由控制器、PLC 等直接控制设备完成；中层是各个装置的综合控制室功能，由各个装置操作人员集中监视并控制整个装置的运行情况；高层是企业管理和控制，由设在中央控制室的服务器和管理控制工作站组成。装置和中央控制室之间通过光纤骨干网实现连接，通信协议采用标准的 TCP/IP，系统支持 OPC 等标准信息接口，允许接入多种第三方控制设备。

HOLLIAS 采用了多"域"的结构形式，每个装置就是一个"域"，实际上就是一个典型的传统意义上的 DCS，而多个域通过骨干网的连接，就形成了范围更广泛，功能更完善，具备更高层次管理功能的信息系统。

（6）浙江中控的 WebField 系列的控制系统

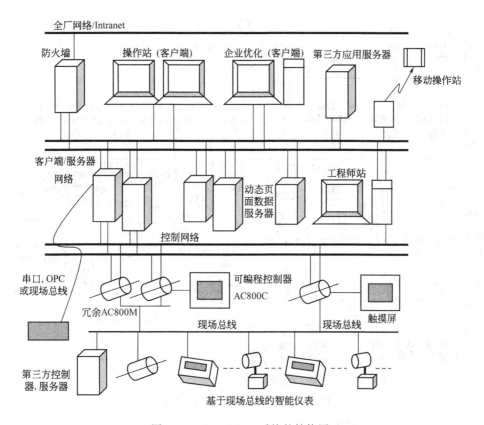

图 2-7　Industrial IT 系统的结构图

　　自 1993 年浙江中控推出具有 1∶1 热冗余技术的集散控制系统产品以来，已经形成了以 WebField 为统一品牌的集散控制系统产品系列，包括 JX、ECS、GCS 三大系列。不同系列的控制系统，能满足不同行业、不同用户对控制系统的个性化需求。

　　JX 系列的 WebField JX-300XP 系统是目前国内应用最广泛的单一型号集散控制系统产品，在化工、石化、冶金、建材等多个流程工业行业有着 2000 多套成功的应用案例。WebField JX-300XP 系统是中控在基于 JX-300X 成熟的技术与性能基础上，推出的基于 Web 技术的网络化集散控制系统。在继承 JX-300X 系统全集成与灵活配置特点的同时，吸收了最新的网络技术、微电子技术成果，充分应用了最新信号处理技术、高速网络通信技术、可靠的软件平台和软件设计技术以及现场总线技术，采用了高性能的微处理器和成熟的先进控制算法，全面提高了系统性能，能适应更广泛更复杂的应用要求。同时，作为一套全数字化、结构灵活、功能完善的开放式集散控制系统，JX-300XP 具备卓越的开放性，能轻松实现与多种现场总线标准和各种异构系统的综合集成，图 2-9 为 JX-300XP 系统的整体结构示意图。WebField JX-300XP 系统的四层网络结构：管理信息网 Ethernet（用户可选）过

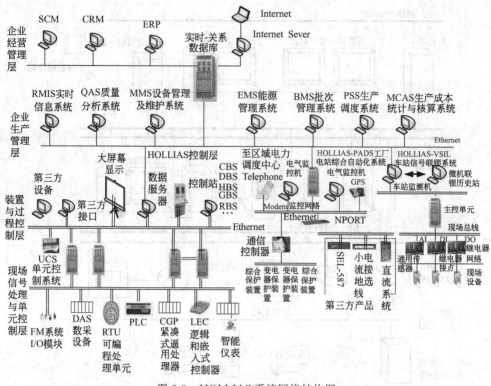

图 2-8　HOLLIAS 系统网络结构图

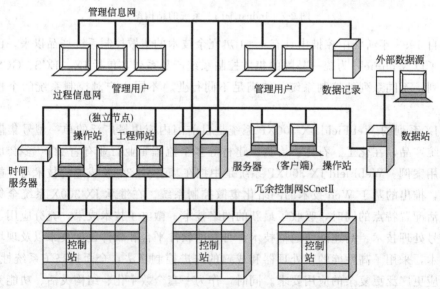

图 2-9　WebField JX-300XP 系统的整体结构图

程信息网、冗余过程控制网以及控制站内部 SBUS 总线，该系统是本书重点全面介绍的 DCS 系统机型。

基于网络技术的 ECS 系列的 ECS-100/ECS-700 系统是浙江中控在继承 JX-300、JX-300XP 技术的基础上，为适应网络技术的发展，特别是 Internet、Web 技术的发展，融合了最新的现场总线技术、嵌入式软件技术、先进控制技术，推出的新一代基于网络技术的集散控制系统。ECS-100 控制系统，采用新型的 WEB 化体系结构，突破了传统控制系统的层次模型，实现与多种现场总线的全面兼容以及与第三方异构系统的综合集成。图 2-10 为 ESC-100 的系统整体结构，其网络结构体系与 JX-300XP 相同。WebField ECS-700 系统是全新推出的超大规模联合控制系统，该系统扩展了传统的自动化系统范围，实现了企业资源的一体化管理，并具备强大的设备管理、数据服务和信息综合集成能力，全面帮助企业提升产品质量、生产能力、信息化水平以及综合竞争力。其性能特点主要体现：超大规模系统网络分域与权限管理；全厂范围内的多人组态与组态同步管理；支持多种现场总线与异构系统互联；故障条件下系统安全状态预设；基于信息截断的在线调试；单点、单幅程序的在线无扰下载；支持自由量程设置、超量程表示和输出；系统部件具有防混插设计的快速在线装卸结构；系统支持在线升级和扩容；基于国际标准和行业规范设计研制，符合 CE 认证要求。

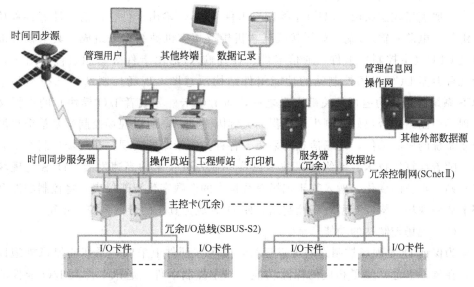

图 2-10　WebField ESC-100 的系统整体结构图

2.2　集散控制系统的硬件体系

集散控制系统的硬件体系一般都是采用模块化结构形式，通过网络系统将不同数量的现场控制站、操作站和工程师站连接，共同完成各种采集、控制、显示、操作和管理功能。集散控制系统的硬件模块选择与系统的价格较为密切，特别是现场控制站（又称过程控制站或控制站）的硬件配置更是与生产过程要求紧密结合，在合同谈判阶段现场控制站硬件配置应该基本确定。集散控制系统常见的硬件配置包括下列内容。

① 现场控制站的配置：现场控制站的类型和规模、地域分布；每个现场控制站内的输入/输出卡件种类、数目以及电源的选择等。

② 操作员站的配置：操作员站的规模和数目，即显示器尺寸及是否双屏、主机型号、内存配置、磁盘容量的配置、打印机的台数和型号等。

③ 工程师站的配置：机型、显示器尺寸、内存、硬盘、打印机等。

总之，DCS的硬件系统配置对于不同的系统规模而言差别甚大，通常根据现场的具体要求而定工作量大小。

2.2.1　现场控制站

集散控制系统的现场控制站是系统与生产过程之间的接口，位于系统的最底层，直接与现场各种输入/输出信号（模拟信号或者数字信号）相连，实现各种现场物理信号的输入和数据处理，以及各种实时控制的运算和输出等功能。

（1）现场控制站的组成

一般现场控制站由CPU（主控制）卡件、输入/输出卡件、通信卡件等各种功能组件、电源、输入/输出端子接线板、机柜及相应机械结构等组成。其中核心部分是CPU（主控制）卡件、通信卡件、各种输入/输出卡件等功能组件。图2-11为几种典型DCS现场控制站的功能组件结构示意图，现场控制站的选择是整个DCS系统能否成功运行的关键因素之一，而I/O卡件（或者I/O模块）的选择又是现场控制站能否很好控制生产过程的关键因素之一，所以现场控制站是整个集散控制系统的核心部件，现场信息的采集、各种控制策略的实现都在现场控制站上完成。随着计算机技术、网络通讯技术以及其他先进技术的高速发展，DCS的现场控制站产生新的变化，融入基于现场总线技术的全数字化智能仪表，将控制功能全部下放到现场，构成新型现场控制站，使DCS成为真正的分散型控制系统。

（2）现场控制站的功能

为保证DCS现场控制站的可靠运行，除了在硬件上采取一系列的保障措施以外，在软件上也开发了相应的保障功能，如主控制卡件、通讯卡件及I/O卡件的故障诊断、冗余配置下的板级切换、故障恢复、定时数据保存等。同时各种采集、运算和控制策略程序代码都固化在主控制器卡件或I/O智能卡件上的EPROM中，中间数据则保留在带电保护的RAM中，从而保证软件的可靠运行及现场数据的保护。

① 数据采集和控制功能。组态时生成的各种控制策略、数据库等，经实时下载到各现场控制站以及现场控制站内的各个I/O智能卡件上，进行信号采集、工程量转换、控制运算、控制信号的输出等。

② 控制策略的实现。各种在组态中定义的回路控制算法、顺序控制算法、计

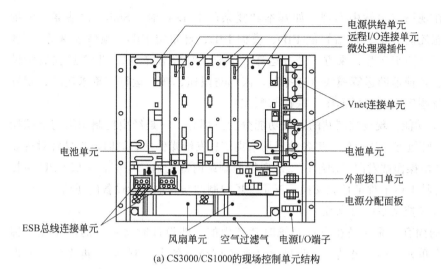

电源供给单元
远程I/O连接单元
微处理器插件

Vnet连接单元

电池单元

电池单元

外部接口单元

电源分配面板

电源I/O端子

风扇单元　空气过滤气

ESB总线连接单元

电池单元

(a) CS3000/CS1000的现场控制单元结构

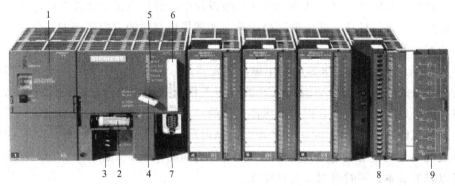

1—负载电源(选项);　　　　6—存储器卡(CPU 313以上);
2—后备电池(CPU 313以上);　7—MPI多点接口;
3—24VDC连接;　　　　　8—前连接器;
4—模式开关;　　　　　　9—前门
5—状态和故障指示灯;

(b) Simatic S7-300可编程序控制器结构

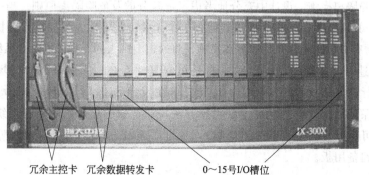

冗余主控卡　冗余数据转发卡　　0~15号I/O槽位

(c) JX-300XP控制站机笼结构

图 2-11　几种典型 DCS 现场控制站结构示意图

算功能均在现场控制站中实现。如基本和复杂的 P1D 控制、Smith 预估器、解耦控制、智能控制算法（包括智能 PID、模糊 PID、自整定 PID、预估控制等）、各种数学运算（四则运算、乘方、开方运算，指数、对数运算等）、生产过程数学模型的模拟、各种辅助运算模块（选择器，限幅与限速、布尔运算、算术运算、积算器等）以及顺序控制（梯形图、联锁与顺控）。

③ 通信功能。现场控制站的通信功能分为三部分：一是经由控制网络与上位操作站及工程师组态站的通信，将各种现场采集信息发给操作站，同时操作站针对现场的操作指令由操作站发向控制站；二是现场控制站内部的通信功能，完成 CPU 主控制卡件与各种 I/O 卡件的信息交换；三是现场控制站与其他智能设备的通信。

（3）现场控制站的可靠性

DCS 的固有可靠性是在设计系统时就产生的，即设计时将系统的可靠性指标分解到各个单元（操作员、工程师站、通信网络、各个控制站），再将各可靠性指标从单元分解到板级。从单元级和板级设计中，分析出最重要部件或单元，采用严格的方法进行设计，并采取冗余措施，如现场控制站的主控制卡的冗余、通信网络的冗余等。

① 元器件。构成 DCS 的最小单位是元器件，而任何一个元器件的故障都可能会影响系统完成规定的功能，DCS 的规定工作条件又比较苛刻，因此，在元器件级采取了以下主要措施，以确保元器件级的高可靠性。在完成相同功能的元器件之中，尽可能选择 MTBF 时间（平均无故障时间）长的元器件。此外，尽量选用高集成度的大规模集成电路来实现多个元器件的功能，减少元器件的数量，这样不仅可以降低成本，同时可以提高可靠性。

② 单元级的可靠性设计。提高系统各组单元的内在可靠性和系统抵抗外部故障因素的能力。

③ 冗余措施。为了提高系统不受个别部件故障影响的能力，整个系统采用了很多冗余备份措施。

④ 故障隔离措施。设计中充分地考虑了危险分散及危险隔离原则。当一个模板发生了故障，只影响本板的工作而与其他板基本无关。此外，为了提高系统抗干扰的能力，系统所有 I/O 板全部采用了隔离措施，将通道上窜入的干扰源排除在系统之外。

⑤ 迅速排除故障措施。DCS 本身是可修复性系统，又放在工业现场，且长期不停机运行，因此故障是难免的，这就要求在设计 DCS 时尽量减少平均故障修复时间，以保证系统故障影响最小。主要方法：非常强的自诊断能力；系统的故障指示；系统可带电更换卡件（带电插拔），保证了系统在某些模板出现故障时，系统自动切换到备用板。

2.2.2 操作站

DCS 的操作站显示并记录来自各控制单元的过程数据，是人与生产过程的操作接口，通过操作站可以向用户提供最佳的操作监视画面或窗口来控制、管理、监视生产过程以及整个系统的运行状态，实现恰当的信息处理和生产过程操作的集中化。

根据操作站的结构，操作站可分为台式和立式两种，如图 2-12 所示。通常 DCS 操作站的功能通过操作监视功能、数据处理功能及系统诊断功能几大类别进行分类，并具有操作记录打印、报警打印、报表打印等功能。此外，当操作站具备工程师功能，则除了具备操作站的一切功能外，还可以进行系统组态、调试和维护保养等一系列工程师操作。

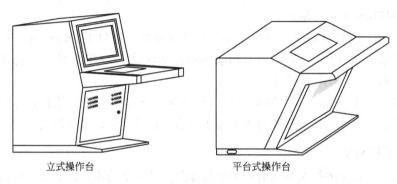

立式操作台　　　　　　　　　　平台式操作台

图 2-12　操作站本体的结构示意图

（1）操作站的硬件构成

DCS 操作站作为 DCS 的人机界面，提供各类操作和监控显示画面（窗口），其硬件构成主要包括：主机系统（一般由 PC 机或工控机构成）、显示设备、打印设备、专用控制通信网卡、存储设备、数据输入设备以及其他相关设备。

（2）操作站的功能

通常 DCS 操作站的功能可以分为五大类：画面（窗口）操作监视功能、系统操作支持功能、数据收集和处理功能、开放数据接口功能以及系统维护功能。

① 画面（窗口）操作监视功能。画面（窗口）操作监视功能以生产过程的日常操作与监视为主，通过一系列建立的操作监视画面或窗口，实现对生产过程的运行、操作、监视、控制、报表等运作。操作站画面（窗口）体系分为标准画面、用户画面和信息画面三大类，操作人员通过键盘可以方便地调用各种画面（窗口）。尽管 DCS 生产厂家众多，产品各不相同，但是 DCS 的标准画面（窗口）是每个集散控制系统必不可少的。

总貌画面是 DCS 标准画面（窗口）之一，通过对实时数据库中某一区域或区域中某个单元中所有点的信息集中显示构成；控制分组是 DCS 标准画面（窗口）之二，通常由 8 个（16 个）位号仪表构成，在该画面（窗口）上可以进行仪表的相关参数调整、回路切换等操作；趋势画面是 DCS 标准画面（窗口）之三，在线显示各种过程参数，通过曲线方式反映过程变量的变化状态；流程图是 DCS 标准画面（窗口）之四，反映了工厂和控制系统的图形缩影，是装置过程的全动态模拟流程图，通过流程图可以直观地监视、操作和控制工厂或生产过程，极大地方便了操作人员，达到操作监视整个生产的目的。上述四个 DCS 的标准操作画面（窗口）是集散控制系统必备的。除此之外还有过程或历史数据报警画面（窗口）、反映功能块（仪表）详细数据的调整画面（窗口）等。

② 系统操作支持功能。系统操作支持功能主要是由命名系统、报警系统、安全系统、操作台组合及超级窗口、实时和历史报表等功能组成。

③ 数据收集和处理功能。数据收集和处理功能主要是收集并保存各种数据信息，通过打印机或文件输出。

④ 开放数据接口功能。DCS 支持开放数据接口，通过 DDE 或 OPC 接口使不具有操作站功能的上位系统以及通用应用画面随时获取 DCS 各种实时的过程控制数据，实现异构系统综合集成。

⑤ 系统维护功能。系统维护功能用来诊断 DCS 系统和运行维护，并时刻显示操作下的系统状态，以及系统的历史操作记录和位号操作记录的浏览等。

2.2.3　工程师站

工程师站是集散控制系统的一个重要部分，其主要功能是为工程师提供各种设计工具，针对不同行业（冶金、化工、电力、制药等）的不同生产工艺过程，进行工程师工程组态工作，调用集散控制系统的各种资源，实施综合自动化系统。

工程师站作为 DCS 中的一个特殊功能站，其主要作用是对 DCS 进行应用组态。应用组态是 DCS 应用过程当中必不可少的一个环节，通过其使 DCS 成为针对具体控制应用的可运行控制系统装置。在一个标准配置的 DCS 系统中，都配有一台专用的工程师站，也有些小型系统不配置专门的工程师站，而将其功能合并到某台操作员站中。通常情况下，操作站并不具备工程师站的功能，这时系统在在线状态下就没有了工程师站的功能。当然，也可以将这种具有操作员站和工程师站双重功能的站设置成可随时切换的方式，根据需要使用该站来完成不同的功能。

2.3　集散控制系统的软件体系

系统软件是一组支持开发、生成、测试、运行和维护程序的工具软件，它与一般应用对象无关。集散控制系统的系统软件一般由以下几个主要部分组成：实时多任务操作系统、面向过程的编程语言和工具软件。操作系统是一组程序的集合，它用来控制计算机系统中用户程序的执行顺序，为用户程序与系统硬件提供接口软件，并允许这些程序（系统程序和用户程序）之间交换信息。用户程序也称为应用程序，用来完成某些应用功能。在实时工业计算机系统中，应用程序用来完成在功能规范中所规定的功能，而操作系统则是控制计算机自身运行的系统软件。

DCS 软件体系的基本构成是按照 DCS 硬件划分形成的，分为现场控制站软件、操作站软件和工程师站软件，以及运行于各个站的网络软件，作为各个站上功能软件之间的桥梁。由此 DCS 各个站的软件功能一目了然，控制层软件是运行在现场控制站上的软件，主要完成各种控制功能，包括简单和复杂回路控制、逻辑控制、顺序控制，以及这些控制所必须针对现场设备连接的 I/O 处理；监控软件是运行于操作员站或工程师站上的软件，主要完成运行操作人员所发出的各个命令的执行、图形与画面的显示、报警信息的显示处理、对现场各类检测、控制数据的集中处理以及其他信息的处理等；组态软件则主要完成系统的控制层软件和监控软件的组态功能，安装在工程师站中，完成系统的组态功能和系统运行期间的状态监视功能。

2.3.1　现场控制站软件

现场控制站软件的功能是完成对生产现场的直接控制，即各种 PID 控制、逻辑控制、顺序控制、批量控制、混合控制和复杂控制等。现场控制站软件主要功能如下。

① 现场 I/O 驱动。实现现场信号到控制站以及控制站的控制信号到现场的操作。

② 对各种输入信号的预处理和控制量的运算。

③ 实时采集现场数据并存储在现场控制站数据库。

④ 数据通信功能。主要负责现场控制站与 DCS 控制网络的其他站（操作站和工程师站等）实时通信。

2.3.2　操作站监控软件

操作站监控软件的主要功能是人机界面处理，包括各种图形画面的显示和操作、对操作员操作命令的解释与执行、对现场数据和状态的监视及异常报警、历史数据的存档和报表处理等，使生产过程实时监控操作更加得心应手、方便简洁。DCS 监控软件主要功能如下。

① 图形处理。根据组态软件生成的各种图形文件进行静态/动态画面的显示，以及动态数据的显示及更新。

② 操作命令处理。包括对键盘操作、鼠标操作、画面热点操作的各种命令方式的解释与处理。

③ 历史数据和实时数据的趋势显示。

④ 报警信息的显示、事件信息的显示、记录与处理。

⑤ 历史数据的记录与存储、转储及存档处理。

⑥ 各种报表处理。

⑦ 系统运行日志的形成、显示、打印和存储记录处理。

2.3.3 工程师站组态软件

DCS 的组态功能已成为工业界很熟悉的内容。DCS 组态功能的支持情况，即应用的方便程度、用户界面的友好程度、功能的齐全程度等，是影响着其是否受到用户欢迎的重要因素之一。几乎所有的集散控制系统都在不同程度上支持组态功能，但是组态方法均有所不同。DCS 组态软件安装在工程师站中，通过该组态软件，将通用的、有普遍适应能力的 DCS 系统，变成一个针对具体应用控制工程的专门 DCS 控制系统。DCS 组态功能分为两大方面：硬件组态（硬件配置）和软件组态，主要如下。

① 硬件组态（配置）：在使用组态软件首先应该做的组态内容——根据控制要求配置各类站（控制站和操作站）的数量、每个站的网络参数、各个控制站的 CPU 卡件、I/O 卡件的配置（I/O 卡件的数量、是否冗余、与主控单元的连接方式等）及各个站的功能定义等。

② 现场控制站软件组态：在完成 DCS 硬件组态后进行控制站软件组态，即控制策略的定义（包括确定控制目标、控制功能、控制算法相关的控制变量、控制参数等），使其与硬件配置相匹配。

③ 监控软件的组态：包括各种图形界面的建立、动态数据的显示和刷新、操作功能定义（操作员可以进行哪些操作、如何进行操作）等。

④ 报警组态：包括报警产生的条件定义、报警方式的定义、报警处理的定义（如对报警信息的保存、报警的确认、报警的清除等操作）及报警列表的种类与尺寸定义等。

⑤ 定义数据库：包括历史数据和实时数据，通常将数据存储在硬盘上或刻录在光盘上，以备查用。

⑥ 历史数据和实时数据的趋势显示、列表及打印输出等定义。

⑦ 系统运行日志的组态：包括各种现场事件的认定、记录方式及各种操作的记录等。

⑧ 报表组态：包括报表的种类、数量、报表格式、报表的数据来源及在报表中各个数据项的运算处理等。

2.3.4 集散控制系统软件体系结构的变迁

随着软件技术的不断发展，以硬件划分决定软件体系结构的系统设计已经逐步被以软件的功能层次决定软件体系结构的系统设计所取代。根据软件的功能层次，系统软件体系可以分为直接控制层软件、监督控制层软件和高层管理软件三个层次。三个层次分别具有各自的数据库结构和相应处理程序，以实现各个层次的功能，各个数据库分布在系统的不同节点上，通过节点上的网络通信软件将各个层次的数据库联系在一起，同时对数据内涵的逐级丰富提供网络支持。因此，集散控制系统的软件体系主要决定数据库的组织方式和各功能节点之间的网络通信方式，这两个因素的不同决定了各厂家 DCS 的软件体系结构，造成各家 DCS 的特点、性能和使用等诸方面的差异。DCS 的数据库的特点在于实时性和分布性，也就是说，对 DCS 而言其直接控制层和监督控制层的数据库为实时数据库，重视的是数据访问的实时性，其数据库建立在内存中，结构简单；同时借助网络通信才能实现各站之间的数据传递进行控制计算。如何保证 DCS 的各数据库之间的引用达到快速、准确及尽量少地占用网络资源，是新型集散控制系统的体系结构必须解决的问题。

随着集散控制系统规模的不断扩大以及系统监控功能的不断加强，DCS 逐步演变成带有服务器的 Client/Server 结构，全局数据库成为一种单拷贝的集中数据库形式。各现场控制站通过系统网络对服务器的全局数据库实现实时刷新，操作站和其他功能节点则通过更高一层网络从服务器上取得数据以实现本节点的功能，或者在本节点上保存一个全局数据库的子集。如 WebField JX-300XP 系统的过程信息网就是在网络策略和数据分组的基础上实现了具有对等 Client/Sever 特征的过程信息服务功能，实现操作节点之间包括实时数据、实时报警、历史趋势、历史报警、操作日志等的实时数据通信和历史数据查询功能。

2.4　集散控制系统的网络体系

根据集散控制系统的结构体系可以看出，作为"神经网络"的通信网络系统通过互联各种通信设备，完成工业控制。随着计算机技术和通信网络技术的高速发展，DCS 正向小型化、多元化、网络化、开放化及集成化方向发展，使得不同型号的 DCS 互联及数据交换，并通过以太网将 DCS 和工厂管理网相连，实现实时数据上网，成为过程工业自动控制的主流。

DCS 网络系统的重要性使世界上各 DCS 厂商长期以来一直致力于 DCS 通信网络体系结构完善和发展，尽管各厂商生产 DCS 的通信网络体系和网络类型有所差别，但是发展方向却是一致的，即提高通信实时性、增加有效传输带宽、加强系统可靠性和安全性。DCS 一般都采用分层体系，将整个通信网络系统合理划分为多个层次，每一层的通信速度和网络类型都有所不同。但是，从工业控制的角度出发，DCS 的控制网络作为一种专用的工业通信网络，具备以下特点：①快速实时响应能力；②极高的可靠性；③适应恶劣的工业现场环境；④包括现场总线、车间级网络系统、厂级网络系统的分层结构；⑤网络的安全性。

2.4.1　OSI 参考模型以及网络拓扑结构

网络结构问题不仅涉及信息的传输路径，而且涉及链路的控制。一个特定的通信系统，通过确定信息从源点到终点所要经过的路径，以及实现通信所要进行的操作，实现安全可靠的通信。而在计算机通信网络中，对数据传输过程进行管理的规则被称为协议。由于连接到网络上的设备是各种各样的，这就需要建立一

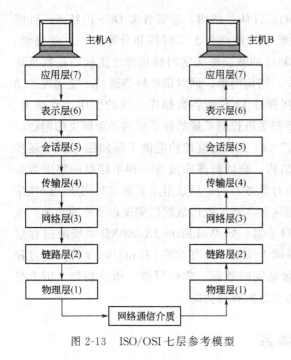

图 2-13　ISO/OSI 七层参考模型

系列有关信息传递的控制、管理和转换的手段和方法，并遵守彼此公认的一些规则，这就是网络协议的概念。这些协议在功能上应该是有层次的。

（1）OSI 参考模型

国际标准化组织（International Standard Organization，ISO）提出了开放系统互连（Open System Interconnection，OSI）参考模型，简称 ISO/OSI 模型，实现网络的标准化。ISO/OSI 模型将各种协议分为七层，自下而上依次为：物理层、链路层、网络层、传输层、会话层、表示层和应用层，如图 2-13 所示。各层协议的主要作用如下。

① 物理层。物理层协议规定了通信介质、驱动电路和接收电路之间接口的电气特性和机械特性。

② 链路层。通信链路是由许多节点共享的。这层协议的作用是确定在某一时刻由哪一个节点控制链路，即链路使用权的分配。它的另一个作用是确定比特级的信息传输结构。

③ 网络层。在一个通信网络中，两个节点之间可能存在多条通信路径。网络层协议的主要功能就是处理信息的传输路径问题。在由多个子网组成的通信系统中，这层协议还负责处理一个子网与另一个子网之间的地址变换和路径选择。

④ 传输层。传输层协议的功能是确认两个节点之间的信息传输任务是否已经正确完成，包括：信息的确认、误码的检测、信息的重发、信息的优先级调度等。

⑤ 会话层。这层协议用来对两个节点之间的通信任务进行启动和停止调度。

⑥ 表示层。这层协议的任务是进行信息格式的转换，它把通信系统所用的信息格式转换成它上一层，也就是应用层所需的信息格式。

⑦ 应用层。严格说，这一层不是通信协议结构中的内容，而是应用软件或固件中的一部分内容。它的作用是召唤低层协议为其服务。

（2）网络拓扑结构

当通信网络系统的结构确定后，要考虑的就是每个通信子网的网络拓扑结构问题。所谓通信网络的拓扑结构就是指通信网络中各个节点或站相互连接的方法。常见的网络拓扑结构有星型、环型和总线型三种基本形态。

40

① 星型结构。星型结构的每一个节点都通过一条链路连接到一个中央节点上。任何两个节点之间的通信都要经过中央节点，如图 2-14(a) 所示。中央节点有一个"智能"开关装置来接通两个节点之间的通信路径。因此中央节点的构造比较复杂，一旦发生故障，整个通信系统就要瘫痪，使系统的可靠性降低。集散控制系统应用较少。

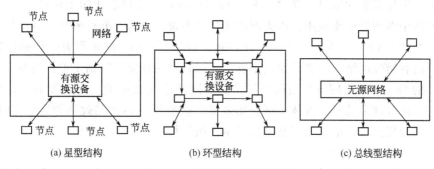

图 2-14　通信网络的拓扑结构

② 环型结构。环型结构的所有节点通过链路组成一个环形。需要发送信息的节点将信息送到环上，信息在环上只能按某一确定环形方向传输，如图 2-14(b) 所示。当信息到达接收节点时，如果该节点识别信息中的目的地址与自己的地址相同，就将信息取出，并加上确认标记，以便由发送节点清除。传输的单方向不存在确定信息传输路径的问题，简化了链路的控制。环型结构的主要问题是在节点数量较多时会影响通信速率，另外，环是封闭的，不便于扩充。

③ 总线型结构。与星型和环型结构相比，总线型结构采用的是一种完全不同的方法，所有的站都通过相应的硬件接口直接接到总线上，由于所有的节点都共享一条公用的传输线路，所以每次只能由一个节点发送信息，信息由发送它的节点向两端扩散。如同广播电台发射的信号向空间扩散一样，这种结构的网络又称为广播式网络，如图 2-14(c) 所示。某节点发送信息之前，必须保证总线上没有其他信息正在传输。当这一条件满足时，它才能把信息送上总线。总线型结构的优点是结构简单，便于扩充。另外，由于网络是无源的，所以当采取冗余措施时并不增加系统的复杂性。总线型结构对总线的电气性能要求很高，对总线的长度也有一定的限制。因此，它的通信距离不可能太长。

由此可见，网络的拓扑结构又可分为两种，即共享传输介质而不需中央节点的网络，如总线型网络和环型网络；独占传输介质而需中央节点的网络，如星型网络。在集散控制系统中应用较多的是总线型网络和环型网络结构。

2.4.2　集散控制系统的网络标准和协议

一般说来，集散控制系统的通信网络系统各个层次都是在一个相对小的范围内使用，均属于局域网范围，因此局域网的各种类型对 DCS 都是可用的，但是 DCS 的局域网具有更高的要求，如更快速的实时响应能力，极高的可靠性，必须连续、准确运行，适合于在恶劣环境下工作等。目前 DCS 主要采用有令牌网和工业以太网两大类，近年随着各种高速局域网技术的出现，FDDI 网和交换式以太网也相继引入 DCS。

令牌网、以太网和 FDDI 各具特点，在工业控制领域都有成功的应用业绩，各厂商可以根据需要加以灵活选择。从发展角度看，以太网和 FDDI 将在 DCS 主干通信网络中得到进一步使用：以太网的优势是廉价、高速，低负荷时具有良好的性能，对中小型 DCS 来讲不失为一个比较理想的选择；而 FDDI 作为一种确定性的高速、高容错性网络，能够满足大型复杂系统自动化控制的苛刻要求。当然，对一个成熟的 DCS，通信网络类型选择只是决定网络系统效率的一个重要方面，但不是唯一，还有许多其他关键技术可以用来提高整个 DCS 的通信效率和通信实时性，譬如网络分段技术，信息压缩技术以及事件报告技术等。

（1）令牌网

令牌网技术的核心是采用受控通信技术，该技术类似于早期的传递轮询技术，但不是中心集中控制，而是通过采用被称为令牌的特殊格式帧来控制网络上各个节点的发送权，该令牌按照特定的顺序在各个节点之间传递，由于每一个节点持有令牌的时间是有限制的，这样任何一个网上节点等待令牌到来的时间都是可控的，即存在一个最大等待时间，因此任何一个网上节点在特定的时间间隔内都有机会拿到令牌进行数据传送，这种传输特性就是网络传输的确定性。在确定性传输网络中，任何通信负荷下最大通信延迟均可控制，通信等待时间不随负荷的上升而显著上升。与此同时，由于采用受控通信技术，网络上的任何数据传输不会出现冲突情况，从而保证了优质高效的数据传送，这样，即使在重负荷下整个网络的通信性能也非常好。研究表明，令牌网在 90％通信负荷下仍能够保证很好的性能，除此之外，令牌网技术下可以设定各种数据帧的优先级，从而保证大负荷下的关键数据及时传送。

时至今日，令牌网技术的传输确定性、优先级控制和重载下的高性能等显著优点被公认为非常适合于工业控制系统使用的通信网络。与以太网相比，令牌网技术还有一个显著优点：在数据传输过程中，令牌网技术使用了转发技术，数据流经过每一个节点后波形都得到了重新整形和放大，从而使得节点之间的传输距离大大增加。令牌网技术的主要缺点就是整个网络在任何负荷下都要因为等待令牌而引入附加时延，这种时延在低负荷下就相对明显。另外，由于需要支付较高的专利费用而导致与令牌网相关的硬件价格都较高，从而大大限制了其在普通网络中的应用。

（2）交换式以太网

以太网是一种由美国施乐公司、DEC 公司和 Intel 公司联合开发的局域网，其传输媒介非常广泛，根据情况可以选择各式铜缆、双绞线和光纤等。从诞生之日起，以太网技术的发展就十分迅速，网络传输速度从早期 10Mbps 逐渐发展到目前的 1000Mbps，网络机理从早期的共享式发展到目前盛行的交换式，网卡工作方式从单工发展到全双工。以太网的主要通信特点是随机接入、载波侦听、碰撞检测和冲突竞争。而目前通用的以太网标准是 IEEE802.3，该标准使用了 CSMA/CD（带冲突检测的载波监听多点接入）传输协议。

交换式以太网是在源端和交换设备的目标端之间提供一个直接快速的点到点连接。从交换机流入的数据直接从它相连的目的站接口流出。交换机主要用来把网络分成不同的冲突域，同时对网络进行扩展。这种网络的性能主要由传输和接收的元件的性能决定。通过网段的微化增加了每个网段的吞吐量和带宽，提供每个用户的独占点到点链路。图 2-15 为交换式以太网示意图，在体系结构上和简单的点到点连接一致，每个设备都有一个专用的单独信道连接到另一个设备，从而不需要竞争底层传输信道，建立了真正意义上地理位置分散的网络，同时网络的宽带问题得到了妥善解决。

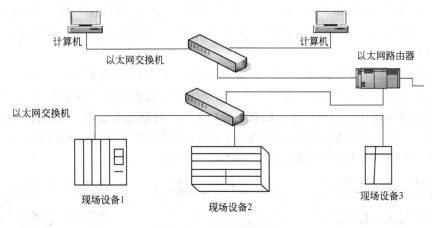

图 2-15　交换式以太网

交换式以太网克服了传统以太网的缺点，使原来的"共享式"带宽变成了"独占式"带宽，较好地解决了带宽问题。但是交换式以太网同样不能控制最大传输时延，因为同一时刻有可能有多个节点需要与同一个节点传输数据，此时只有一个节点才能成功地与目的节点建立起传输信道，其余节点只能处于等待状态。

近年来，以太网在 DCS 主干通信网络中的使用呈稳步上升趋势，其根本原因就是由于其价格非常低廉，在价格走低的同时传输速度却稳步上升，通过采用广泛使用的标准以太网产品，DCS 厂商不仅能够根据需要方便地升级整个通信系统性能，而且更为重要的是可大大减少厂商的研发投资，降低整个系统成本，提高竞争优势。由于 DCS 不同通信网络层次对实时性的不同要求，大多数 DCS 都将主干通信网络划分为操作员网络和控制网络两个层次，根据需要选用不同的网络类型和通信协议，以降低整体成本，通常在操作员网络使用工业标准以太网和 TCP/IP 协议，而在控制网络中则有所不同。如有些厂商仍然坚持采用确定性网络，如 ABB

的 PROCONTROLP、日立公司的 HIACS5000＋和西屋公司的 Ovation 均采用了 FDDI 作为其控制网络，而另外一些厂商则在其 DCS 控制网络同样采用了标准以太网，但是针对工业控制的特殊要求开发了专用工业以太网通信协议，以最大限度地快速传递重要信息，其典型代表是西门子公司的 TELEPERMXP、ABB 公司的 Advant 和浙江中控的 WebField 系列。

（3）FDDI 网

光纤分布式数据接口（Fiber Distributed Data Interface，FDDI），采用单模光纤或者多模光纤作为传输媒体，传输速率固定为 100Mbps，通信方式同样采用了成熟的令牌传输技术，因而该网络是完全确定性的，在不发生数据丢失或者精度降低的情况下可以保证重要数据的及时传递，因此 FDDI 是一种可用于传递过程控制信息的高速高带宽网络。在设计上 FDDI 不仅采用了全冗余及容错技术，而且充分考虑了与各种 LAN 和 WAN 的互联，因此具有成熟的标准硬件和软件用于同常规 LAN 的连接，从而取消了常见 DCS 使用的复杂冗余机制和特殊网关的要求，提高了系统可靠性。

与普通令牌网相比，FDDI 的突出优点就是其与生俱来的全冗余性和高容错性。根据 ISO 9314.2 规定，标准 FDDI 网络由两个数据传输方向相反的光纤环组成，在正常情况下，只有一个环路在工作，另一个环路处于备用。当运行环路出现故障时，不管是链路故障还是站点故障，FDDI 可自动重新配置，同时启动备用环路工作，使整个网络得以继续工作，如图 2-16 所示。

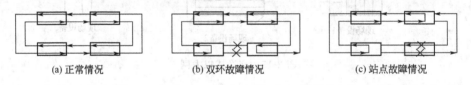

(a) 正常情况　　　　(b) 双环故障情况　　　　(c) 站点故障情况

图 2-16　FDDI 容错性示意图

确定性、高速、冗余以及高容错性等显著优点使得 FDDI 网络非常适合于要求严格的工业过程领域，可以满足大型复杂系统自动化控制通信实时性的要求，因此，近年来，几种典型 DCS 在其最新版本都相继引入了 FDDI 作为其主干控制网络。但是 FDDI 网络的最大缺点就是其价格高昂，极大地限制了其使用范围。

2.4.3　集散控制系统的控制网络结构演变

随着全球经济一体化进程的发展，企业中需要大量的信息交换，使控制系统的覆盖范围从设备、工段、车间、工厂、企业到全世界的市场，同时计算机技术、网络通信技术、现场总线技术以及无线网络技术的不断发展，也使集散控制系统的控制网络结构发生了一系列新的变化。

（1）DCS 网络的现场总线化

随着现场总线技术的产生以及基于现场总线的智能现场装置的应用，使过去的模拟现场装置与系统之间的模拟信号线的连接发生了根本变革，取而代之的是全新数字化，系统与现场之间的数字通信网络——现场总线，彻底改变了整个控制系统的面貌。图 2-17 为基于现场总线的集散控制系统的系统结构框图，通过将现场总线技术引入 DCS，实现现场 I/O 和智能现场装置与现场控制站主处理器的连接，改变 DCS 的体系结构：①现场信号线的连接方式的改变，从 1∶1 的模拟信号线连接改变为 1∶n 的数字网络连接；②现场控制站中的大部分设备将被安装在现场，形成分散安装、分散调试、分散运行和分散维护，形成一套全新的方法和工具；③回路控制实现方式将发生改变，智能现场装置本身具备控制和计算能力，使过去由现场控制站完成的回路控制功能下放到现场 I/O 或现场总线仪表，实现更加彻底的分散。

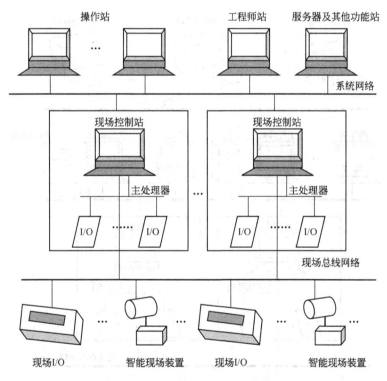

图 2-17　基于现场总线的 DCS 系统结构框图

（2）多种总线协议并存与工业以太网"E 网到底"

多个 DCS 厂商的总线协议以及总线产品并存的局面在相当长的时间内依然存在，随着工业以太网通信速率的提高以及工业以太网交换技术的发展、实时性问题以及网络传输确定性问题的解决，使其成为一个新的开放网络标准，是企业从现场控制到管理层实现全面的无缝信息集成，解决由于协议上的不同导致的"自动化孤岛"问题。当前工业以太网的"E 网到底"已成为集散控制系统控制网络发展的重要方向，也就是说，工业以太网开始逐步应用在 DCS 控制网络层次结构中现场控制站和车间级控制网络，使集散控制系统成为真正的开放性系统。

（3）高层管理网络功能的进一步加强

当今新型集散控制系统已从过去的底层控制功能发展到更高层次的数据采集、监督管理、生产优化控制和管理等全厂范围的控制、监控和管理系统。图 2-18 所示为网络化企业综合监控自动化系统框架，一个完整的企业网络系统结构是在原有网络层次的基础上增加高层管理网络，完成综合监控和管理功能，传送高层管理信息和生产调度指挥信息。当然对大型 DCS 而言，则是如何将各个域的工程师站集中在管理网上，成为各个域公用的工程师站；或者某些域不设操作站直接通过管理层的信息终端实现对现场的监视和控制；甚至将系统网络和高层管理网合成一个物理上的网络，通过软件实现逻辑的分离和分域。

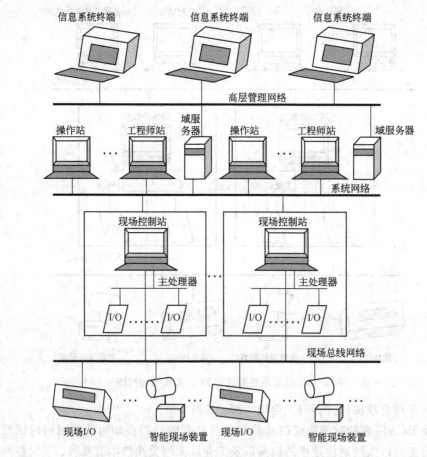

图 2-18　网络化企业综合监控自动化系统的结构框架

（4）有线与无线的融合是控制网络技术发展的趋势

无线传输进入工业控制领域的趋势无可置疑，随着无线网络技术和无线传感器网络技术的发展，这些无线网络技术已经开始在楼宇自动化、自动抄表、事故响应、设备监控 SCADA、设备资产管理、诊断维护、物理过程以及汽车制造等行业应用，而在工业控制的无线技术主要集中在无线局域网和无线短程网两个方向。总之，无线的通信方式可以看成是有线的补充，而绝非是一种替代。有线和无线通信的融合是自动控制中通信的发展潮流。

思考题和习题 2

2-1 DCS 采用分层体系结构，DCS 分层次结构为几层？各层次的构成和功能是什么？

2-2 DCS 的硬件体系主要包括哪些内容？

2-3 DCS 的现场控制站主要由哪些部分组成？其中控制站的核心是什么卡件？连接现场信号是什么卡件？现场控制站的设计与哪些因素有关？

2-4 DCS 的操作站的功能是什么？DCS 的操作站与工程师站的不同之处在哪里？

2-5 写出 DCS 的 4 种标准画面（窗口）的名称。如何设计 DCS 的操作监控画面（窗口）？

2-6 DCS 软件系统按照其硬件结构形式分为几种形式？

2-7 ISO/OSI 模型的网络通信分为 7 层，自下而上分别写出它们的名称。画出常见的网络拓扑结构三种基本形态示意图。

2-8 常见 DCS 的通信网络有三种形式，写出它们的名称及特点。

3 集散控制系统的工程项目设计技术

集散控制系统在工程应用过程中，必须对系统进行适应性的设计和开发，这种设计和开发是与被控生产过程密切相关的，任何一套 DCS，不论其设计如何先进，性能如何优越，如果没有很好的工程设计和应用开发，都不可能达到理想的控制效果，甚至会出现这样或那样的问题或故障。本章将对集散控制系统的工程项目设计技术进行分析，描述 DCS 的工程组态设计的基本原则；叙述 DCS 工程项目设计过程；阐述 DCS 的性能评价指标以及 DCS 选型原则、安装、调试和验收。

3.1 集散控制系统的工程项目设计

集散控制系统的工程项目设计一般步骤是方案论证、方案设计、项目设计和系统文件设计。

3.1.1 工程项目方案论证

方案论证作为集散控制系统工程项目设计的第一步，目的是完成系统功能规范的制定，选出一个最合适的集散控制系统产品，为方案设计、工程设计打下基础。方案论证是工程设计的基础，将关系到系统应用的成败。方案论证阶段主要完成的任务如下。

（1）系统功能规范

功能规范主要需明确目标系统具体任务，是后续设计的基础，必须有操作、工艺、仪表、过程控制、计算机和维修等各方面负责人员的签字。功能规范的主要内容是系统功能、性能指标和环境要求等。

① 系统功能，包括功能概述、信号处理、显示功能、操作功能、报警功能、控制功能、打印功能、管理功能、通信功能、冗余性能和扩展性能。

② 系统的性能指标，各项技术性能的指标是将来系统验收的依据。

③ 环境要求，明确系统的环境要求，避免不必要的浪费。环境要求的具体内容是：温度和湿度指标（分别规定系统存放和运行时的温度、湿度极限值）；抗振动、抗冲击指标；电源电压的幅值、频率以及允许波动的范围；系统对接地方式和接地电阻的要求；电磁兼容性指标、安全指标、系统物理尺寸、防静电和防粉尘指标等。

（2）系统配置

选择几种集散控制系统有针对性地进行系统硬件配置，确定操作站、现场控制站和 I/O 卡件等的数量和规格，拟定出几种配置方案进行分析、论证和询价，从而确定最佳的机型——集散控制系统型号。

（3）评价及选型

此部分内容将在下节中叙述。

3.1.2 工程项目方案设计

集散控制系统工程项目设计的第二步是方案设计，针对选定的系统，依据系统功能规范作进一步核实，考核产品是否能完全符合生产过程提出的要求，核查无误后，再作方案设计。

方案设计时根据工艺要求和厂方的技术资料，确定系统的硬件配置，包括操作站、工程师站、监控站、通信系统、打印机、记录仪端子柜、安全栅和 UPS 电源等。配置时除要考虑一定的冗余外，还要为今后控制回路和 I/O 点等的扩展留出10％的裕量，另外要留足三年左右维护期的备品、备件。最后制定出一张详细的订货单，与制造厂进一步进行实质性谈判，正式签订购买合同。合同中除了规定时间进度及厂商提供的技术服务、文档资料外，尤其要包含双方认可的系统功能规范。DCS 的工程项目方案设计主要内容如下。

（1）硬件设计

硬件初步设计的结果应该可以基本确定工程对 DCS 硬件的要求以及 DCS 对相关接口的要求，主要是对现场接口和通信接口的要求。

① 确定系统 I/O 点。根据控制范围及控制对象决定 I/O 点的数量、类型和分布。按信号类型以列表形式统计输入、输出信号的点数。一般分类为：模拟量输入（0～5V DC、4～20mA DC、热电偶、热电阻）、脉冲量输入（频率、幅值）、开关量输入（触点、电位式）、模拟量输出（电压、电流）、特殊输入或输出。

② 确定 DCS 硬件。根据 I/O 点的要求决定 DCS 的 I/O 卡件类型、数量；根据各类控制任务确定 DCS 控制站的数量与等级、类型；根据工艺过程的分布确定 DCS 控制柜的数量与分布，同时确定 DCS 的网络系统；根据运行方式的要求，确定人机接口设备、工程师站及辅助设备；根据与其他设备的接口要求，确定 DCS 与其他设备的通信接口的数量与形式。

（2）组态设计

组态设计的结果使工程师将来可以在此基础上进行系统生成，需要做以下工作，为实现 DCS 的工程师组态提供必要的信息。

控制站的组态设计主要如下。

① 根据顺序控制要求设计逻辑框图或写出顺控说明，这些要求用于组态的指导。

② 根据控制系统要求设计控制回路框图，描述控制回路的调节量、被调量、扰动量、联锁原则等信息。

③ 根据工艺要求提出联锁保护的要求。

④ 针对应控制的设备，提出控制要求，如启、停、开、关的条件与注意事项。

⑤ 做出典型的组态用于说明通用功能的实现方式，如多选一的选择逻辑、设备驱动控制、顺序控制等。

操作站的组态设计主要如下。

① 操作画面/窗口的类型与结构，这些画面包括工艺流程画面、过程控制画面（如趋势图、面板图等）、系统监控画面等，结构是指它们的范围和它们之间的调用关系，确定针对每个功能需要有多少幅画面，要用什么类型的画面完成控制与监视任务。

② 画面/窗口形式的约定，约定画面的颜色、字体、布局等方面的内容。

③ 报警、记录、归档等功能的设计原则，定义典型的设计方法。

④ 人机接口其他功能的初步设计。

3.1.3 工程项目设计基本操作

工程项目设计是集散控制系统设计的最后一个阶段。系统的方案设计完成后，有关自动化系统的基本原则随之确定。但针对 DCS 还需进行工程项目设计即 DCS 的项目详细设计，才能使 DCS 与被控过程融为一体，实现自动化系统设计的目标。DCS 的工程项目设计过程，实际上就是落实方案设计的过程。在这一阶段中，各方人员要完成各类图纸设计及集散控制系统系统的应用软件设计，此外还应完成文档建立与设计、系统应用软件和机房等基础设施的设计。

控制系统的方案设计和 DCS 的工程化设计这两部分的工作是紧密结合在一起的，而设计院和 DCS 工程的承包商、用户之间也将在这个阶段产生密切的工作联系和接口。因此，这个阶段是控制系统成败的关键，必须给予高度的重视，所以集散控制系统的工程项目设计基本操作主要如下。

（1）文档建立与设计

在工程设计阶段首先应设计和建立应用技术文档。需完成的图纸及文件如下。

① 回路名称及说明表。

② 工艺流程图，包括控制点及系统与现场仪表接口说明。

③ 特殊控制回路说明书。

④ 网络组态数据文件，包括各单元站号，各设备和 I/O 卡件的编号，I/O 地址分配表以及组态数据表。

⑤ 联锁设计文件，包括联锁表、联锁逻辑图。

⑥ 流程图画面设计，包括各流程画面布置图、图示和用色规范，以及各种标准操作画面设计，如总貌画面、控制分组画面、趋势画面和控制回路画面等。

⑦ 操作编程设计书，包括操作编组、报警编组和趋势记录编组等。

⑧ 硬件连接电缆表，包括型号、规格、长度、起点和终点。

⑨ 系统硬件和平面布置图，以及硬件、备用件清单。

⑩ 系统操作手册，介绍整个系统的控制原理及结构。

（2）集散控制系统应用组态软件设计

集散控制系统各种监测和控制功能都是通过组态软件来实现的，所以应用组态设计是关键一步。首先要掌握生产商提供的系统组态软件的功能和用法，然后再结合实际生产工艺过程，进行 DCS 的 I/O 卡件组态、控制策略组态、监控显示画面组态、动态流程组态、报警组态、报表生成组态和网络组态等应用组态设计。设计好的系统应用软件必须反复进行运行检查，不断修改至正确为止，最后生成正式的系统应用组态软件。

① 应用组态软件的任务。应用软件组态就是在 DCS 硬件和软件的基础上，将系统提供的功能块以软件组态的方式连接起来，以达到对过程进行控制的目的。例如一个模拟回路的组态就是将模拟输入卡与选定的控制算法连接起来，再通过模拟输出卡将输出控制信号送至执行器。随着集散控制系统硬件和系统软件的发展，其应用软件的组态方式也在不断更新。利用生成工具，使复杂的控制问题能用直观的图形来进行组态，这样既简化了程序开发，又易维护和查错。

② 应用组态软件的途径。两种途径：一种是直接在集散控制系统上，通过操作站进行组态；另一种是通过 PC 机进行组态。应用软件在操作站上组态比较直接、方便，但是常常受生产厂商交货时间的影响。如果产品交货拖延，或者施工现场受条件的限制，就会影响用户在操作站上组态的时间，势必拖延开工期限；用户在集散控制系统尚未进场的情况下，先在 PC 机上进行模拟组态，可为工厂调试赢得时间。

（3）集散系统的控制室设计

根据 DCS 系统性能规范中关于环境的要求，仪表、电工和土建部门的设计人员应合作完成任务系统的控制室设计，应考虑集散控制系统控制室的位置选择、房间配置要求、照明和空调要求，以及供电电源、接地和安全等各个方面。

（4）各类专业人员的分工

集散控制系统设计阶段牵涉的专业较多，各类人员的协调配合是很重要的。人员的合理分工，将使工作效率得以提高。

① 工艺人员的职责：工艺人员应从头至尾参与整个项目的设计，开工前应作为测试人员，参加制造厂产品的出厂验收和生产开工前的回路测试，开工时参加系统投运。工艺人员还要提供工艺流程图、回路名称及说明表、流程图画面设计书和操作（编程）设计书。在应用软件设计中，工艺人员应参加画面组态与报表生成工作。因此，工艺人员必须具备基本的计算机知识，并积极学习集散系统的知识，以了解和熟悉集散控制系统的设计。

② 计算机人员的职责：计算机人员应完成集散控制系统与全厂信息管理系统的联网设计，完成生产控制与全厂信息管理一体化的设计文件。计算机人员应协助

工艺、仪表和自控人员完成应用软件的设计及应用软件的调试和生成。计算机人员还应向其他专业人员介绍系统中有关计算机方面的知识，并负责有关问题的答疑。

③ 仪表控制人员的职责：仪表控制人员应熟悉集散控制系统的应用功能及系统与现场的接口，他们同时又是系统投运后的系统维护人员。因此系统安装和调试中应充分掌握硬件维护方法，负责完成网络组态数据文件、I/O 地址分配表、组态数据表、硬件连接电缆表和硬件及备品备件清单的设计，参与出厂验收、系统安装及开工前的现场测试。并按工艺人员提供的各路数据，进行控制策略的组态，参与系统应用软件的设计、调试和系统投运的工作。仪表控制人员应设计完成控制回路说明书、联锁设计文件和系统操作手册。

④ 电工人员的职责：电工人员应负责完成机房和系统的供电、照明和空调。电工人员应提供 UPS 电源供电图、机房接地图和机房配电图。

（5）集散控制系统的项目组织

集散控制系统的应用是一个系统工程。它从系统设计、制造、调试一直到投运，整个过程牵涉到多个部门、多个专业，必须协同合作才能完成。

3.2　集散控制系统的性能评价指标

DCS 集中了自动控制、微机、仪器仪表、通信、可靠性等领域的前沿科技成果于一身，综合归纳其评价指标可以从以下几方面来衡量。

（1）厂商技术实力评价

此项指标主要是评价供应商对本行业的熟悉程度，是否已有多例大型系统成功应用的范例，考察 DCS 系统核心模块的可靠性和成熟性；其次评价供应商的供货及时性，安装的快速性、规范性、细节处理的合理性以及厂商的系统集成能力。

（2）技术性能评价

① 现场控制站的评价。对现场控制站的评价主要是 DCS 对灵活配置和使用环境的适应能力；I/O 种类、功能、容量和扩展的余地；数据处理精度、抗干扰指标、采样周期以及输出信号的实时性的信号处理功能；各种连续控制、顺序控制等的控制功能，以及更先进的预估控制、纯滞后补偿等复杂控制功能。

② 人机接口的评价。操作自主性：能否独立完成人机接口功能。操作站的硬件配置：主机型号、主频；硬盘、显示器、专用键盘、打印机等的性能指标。操作站的性能：重点考察各种操作监控画面显示，打印记录、图表、报警、预测维修、故障分析及容错能力。工程师站：系统生成和修改所有组态画面，重点考察系统组态的方便性，是否有支持通用的编程软件和高级编程语言的能力。

③ 通信网络系统的评价。通信介质：主要从介质选择的合理性、连接方便性进行评价。网络结构：主要考察组网的方便性、可靠性，节点间允许的最大距离，可挂接的站数。介质访问控制方法：主要评价算法的复杂性、可靠性、信道的吞吐

量等。

④ 自诊断功能评价。为了提高可靠性，系统应具有较强的自诊断功能。系统投运前，用离线诊断功能检查各部分工作状态；投运中不断执行在线自诊断程序，一旦发现错误即刻切换到备用设备。

⑤ 冗余技术评价。自诊断可及时检出故障，要使系统不受故障影响主要靠冗余技术，主要考察冗余措施的合理性与经济性。

⑥ 系统软件评价。主要对多任务操作系统、组态及控制软件、作图、数据库管理、报表生成及维护软件进行评价，应从成熟程度、升级的方便性等方面进行考察。

（3）使用性评价

① 系统技术的成熟性。一般是在符合生产控制要求的前提下，尽量采用成熟的先进技术，但不盲目追求新技术。

② 系统的技术支持。安装能力：主要考察厂家安装的快速性、规范性、合理性以及细节把握程度。维修能力：主要评价厂商的维修级别，是否有全面维修软件和远程技术援助中心。

（4）可靠性评价

要求系统不易发生故障，当发生故障时则能迅速消除故障；同时系统运行时不受故障影响。评价其容错、冗余能力、安全及抗干扰措施力度。

（5）售后服务评价

评价厂商提供备件的范围、价格、年限、供货周期。评价厂商售后服务态度、质量。评价厂商培训能力、质量以及配套资料的完整。

（6）柔性扩展评价

从分析企业信息管理及过程控制系统将会发生哪些扩展要求并预测所选系统满足这些要求的可行度。

（7）系统开放性评价

尽量采用通用部件，使产品间能够互连、具有可互操作性才能实现系统集成，使系统成为开放的系统。

（8）经济性评价

在决定采用某一系统时，对其资金投入与获取的效益应做相对的评估。即选型前主要考虑系统性价比，在控制及扩展要求满足的情况下，应选报价最低的系统，但要考虑有无追加投资；运行一段时期后，主要评价系统花费和经济收益，包括初始费用、年营运费用、年总经济效益、净经济效益和投资回收年限等项的计算。

3.3 集散控制系统的选型、安装、调试和维护

一旦生产工艺流程确定，控制系统的被控对象也就确定了，选用合适的控制方

案就成为重要问题。根据项目规模和投资预算来考虑，首先输入/输出的点数和所要达到的控制性能决定项目规模，其次投资预算要考虑完成系统功能的总投资。一旦集散控制系统选型完毕，就进入新系统的安装、调试，直至最后的验收。

3.3.1 集散控制系统的选型原则

DCS 选型与模拟仪表相比更复杂，技术性能要求更高，除控制硬件外，还涉及通信协议、监控软件及与其相连的数据存储等。新系统出现后，与互联网 Web 技术相结合，还涉及工业连接软件和优化控制软件，实时数据库、与工厂关系数据库的连接，传统 DCS、PLC 的互操作等问题。

DCS 选型时，首先要确定是选用成型的集散控制系统产品，还是采用基于 PLC 的集散控制系统。当控制回路比较多，模拟量采集较大，尤其是热电偶、热电阻的采集较多的情况下，应该选用成型的集散控制系统产品。如果大多数都是逻辑控制，只有少量的模拟量采集，则应该选用基于 PLC 的集散控制系统。但是它们之间的选择并不是绝对的，一般可以从以下因素加以考虑。

① 随着 DCS 的使用越来越广泛，DCS 的软件、硬件逐渐由专用型向通用型发展。目前，正是新老系统交接时期，DCS 软、硬件正由专用走向通用。选择比较新型的系统，价格比较低，备品比较好买，维护费用会大幅度下降；与其他系统互联容易；软、硬件通用性强。系统集成也是未来十几年的趋势，是计算机技术发展的一个新阶段。选用较新型的系统，系统的开放性会更好，会有利于将来不同品牌的系统嵌入。

② DCS 选型时，应该针对所应用的行业、领域的具体实际来决定，因为不同的工艺过程会有一些特殊要求。比如，电厂 DCS 一般要求有电调设备（DEH）和事件顺序记录（SOE）；石化企业是闭环控制系统应用最多的行业，生产要求比较平稳，选择性控制、串级控制等用得较多；水泥行业、冶金行业等开关量多，开关量与模拟量之比大约是 6：1，且纯滞后环节比较多，有时还需要控制补偿等。选型时要考虑这些因素；如有的 DCS 系统开关量逻辑控制组态不太方便，则要考虑采用 DCS 和 PLC 混合；经济性应该从 DCS 价格和预计效益角度考虑，同档次中，进口 DCS 控制功能强一些，但开发时间较早。国产 DCS 价格低很多，也能满足基本技术要求，因开发较晚，从而使某些技术比国外的还先进一些，如以太网的应用、导轨式的嵌入式 PC 为基础的控制器和已经有现场总线接口等。从结构上看，我国 DCS 比某些进口 DCS 还合理。国外传统 DCS 厂家的控制器差别不大，但操作站区别较大。

③ 根据工艺流程确定当前需要的输入输出点数，以及将来生产规模扩大以后系统扩容所能达到的最大规模，选择规模相匹配的 DCS 产品。新型 DCS 系统可实现 1：1～1：11 的灵活后备，针对不同的使用场合，冗余的次数及实现冗余的软件逻辑不同。但无论采用哪种比例，一旦主控制器发生故障，后备控制器都能及时切

换上去。合理选用既可保证过程的连续性，又可节省投资，使得系统适应生产过程的性能价格比最优。

④ 考察 DCS 产品的开放性、兼容性，尽量选择开放性较好的产品，这样构造出来的集散控制系统，可与系统原有的智能仪表、PLC 等互联通信，将来也可与其他的集成系统共同兼容。

⑤ 考察 DCS 产品的编程组态环境，尽量选择各种先进控制算法皆能够使用且容易编程实现的产品。

总而言之，DCS 选型不但要考虑项目规模和投资预算，还要考虑一系列其他因素，如工程承包方的实力、售后服务等。即使 DCS 性能优越，面对庞大复杂的工艺装置，恶劣多变的工业环境，能否高效优质的完成系统组态，仍是工程师要面对的挑战。

3.3.2 集散控制系统的安装、调试与验收

DCS 厂家准备好硬件（操作站、现场控制站等）和组态好软件后，就可以发货到用户进行现场安装调试工作，系统设备的现场就位与安装工作。一般 DCS 厂家技术人员到现场指导安装单位进行现场安装。

集散控制系统的安装工作主要包括机柜安装、设备安装、卡件安装；系统内部电缆连接；端子外部仪表信号线的连接；系统电源、接地的连接等。

DCS 安装完毕进入调试阶段，一般 DCS 调试分为工厂调试和现场调试两个阶段。

（1）工厂调试

工厂调试是在生产厂专业人员的指导下，结合用户的工艺过程，完成 DCS 的离线调试。工厂调试包括硬件调试、用户应用软件调试。

硬件调试主要通过测试软件的运行，查看各系统硬件及网络的运行状态信息，确认各硬件及网络运行是否正常。

用户应用软件调试包括网络组态文件的调试、区域数据库的调试、用户数据点的调试、用户流程图画面的调试、用户程序的测试、梯形图程序的调试、控制回路的调试。其中，控制回路的调试最为重要。一般需要制造厂家提供信号发生器、专用的接线、调试工具。

控制回路调试主要是对用户所编制的应用软件和 I/O 通道进行调试，如果有智能变送器、安全栅等其他设备，应一并接入系统，进行全面的调试。通过控制调节窗口，观察各回路控制曲线的变化，考察其对控制算法执行的正确性，观察每一算法的限幅作用和越限报警是否正常，还要考察控制方式切换是否无扰动。对于典型的、较复杂的控制回路，还要用另一个控制站组成一个仿真系统，将其与控制站相连，仔细观察控制算法和仿真输出的变化情况，发现问题及时调整，直到符合项目的预定要求。

（2）现场调试

现场调试即是现场的在线调试。现场调试需要工艺、配合，调试前应确认安装工作全部完工，设备完好无损。

DCS的验收，分为工厂验收和现场验收两个阶段。工厂验收是在制造厂进行的，现场验收则是在系统运抵用户现场，经安装调试、投入正常运行后进行的。

（1）工厂验收

工厂验收也称为出厂验收，主要是对系统硬件、软件性能的验收，完成供货清单上所有设备的清点，检查厂商提供的软件是否满足用户的要求。事后由制造厂拟定一个双方认可的验收报告，由双方签字确认。

（2）现场验收

当集散控制系统运抵用户的应用现场后，应将所有设备暂时安放在一个离控制室较近的宽敞场所。不同的集散控制系统对暂存环境有不同的要求，应仔细核对。现场验收包括开箱检验、通电检验及在线检验等内容。

开箱检验主要是确认运输过程中是否有损坏，另外也为了再一次检查装箱是否符合装箱单。

通电检验首先需进行电源测试，然后将系统所有模件开关置为"关"位置，这时才能开启总电源，所有模件逐个通电，直至全部完成。接着，启动系统测试软件，检查各部分状态。整个通电过程应保证72h连续带电考核。该过程亦需形成记录，并写出通电检验报告。

在线检验主要完成的测试工作如下。

① 审阅相关的测试记录，即出厂验收记录、现场安装记录和所有的现场调试记录，了解调试和检验的全过程，是否符合合同的技术要求。

② 现场环境条件测试，并不是单纯地只对集散控制系统进行测试验收，还需系统地对用户方集散控制系统的现场环境进行测试，包括机房条件的测试、系统电源的测试、接地电阻的测试。

③ 系统的信号处理精度测试，通过现场调试阶段所得的信号精度调试记录表，选出若干有代表性的信号，用操作测试画面进行测试，检查其精度是否符合要求。

④ 控制性能的测试，考察每一个控制回路的控制指标是否达到要求指标，以及它的有效性及稳定性，特别是一些特殊的先进控制功能。

⑤ 组态、操作显示功能的测试，主要包括操作站和工程师站操作权限的设置检查，组态、操作、显示、打印、报表、报告、报警等功能的测试。

⑥ 联网通信能力测试，集散控制系统的网络通信能力，不仅涉及不同集散控制系统之间的信息传递，还涉及其与工厂信息网、企业管理网其至远程网之间的信息传递，在产品在线验收阶段，一定要根据合同要求，全面地进行实时性、冗余性、可靠性考核，不能满足于一对一分别通信的成功。不仅要考察常规操作下的通信，还要考察它在紧急情况下的通信功能。

⑦ 得出测试结论、资料完整性检查。在对系统逐项进行测试验收后，由测试小组最后得出测试结论，形成系统现场测试验收报告。与此同时测试小组应最后检查集散控制系统厂家提供的随机资料是否齐全，以及在此之前的每一步现场工作的记录资料是否齐全。

思考题和习题 3

3-1 DCS 的工程项目设计分为四个阶段，它们分别是哪些？

3-2 在方案设计过程中，根据工艺和控制要求对系统 I/O 点数的统计，对 DCS 的控制站哪部分内容选择起决定性作用？

3-3 DCS 组态过程中的控制站组态和操作站组态主要包括哪些内容？

3-4 在 DCS 中，通常对哪些部件系统采用冗余措施（冗余结构）？

3-5 DCS 的性能评价指标有哪些？

● 系统篇：

○ 浙江中控 WebField JX-300XP 系统

4　WebField JX-300XP 系统概述

4.1　系统总体结构和特点

图 4-1 为 WebField JX-300XP 系统产品结构示意图，WebField JX-300XP 系统是全数字化、开放化的基于网络的新型集散控制系统，实现了分散控制系统内部全数字化信息处理和传输，分散的 I/O 单元结构体系，为基于现场总线控制系统发展奠定了技术基础。系统的硬件、软件、网络等设计遵循开放的协议、标准，使用符合 IEEE802.3 标准的冗余高速工业以太网。JX-300XP 系统的全智能化、任意冗余、可扩展性和灵活配置等特点，被广泛应用于小、中、大及超大规模的企业生产过程中。

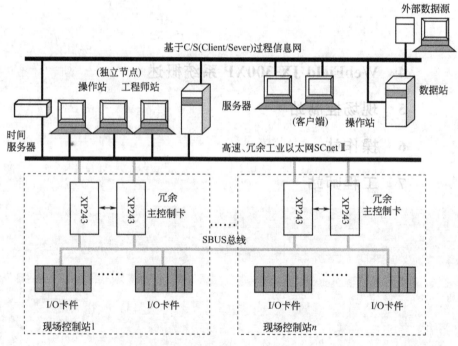

图 4-1　WebField JX-300XP 系统产品结构示意图

4.1.1　系统的整体结构

JX-300XP 系统采用四层通信网络结构，其主要组成包括工程师站（ES）、操作员站（OS）、现场控制站（FCS）和通信网络。四层通信网络分布如下。

60

最上层为信息管理网，由用户自行选择采用符合 TCP/IP 协议的以太网，连接了各个控制装置的网桥以及企业内各类管理计算机，用于工厂级的信息传递和管理，实现全厂综合管理的信息通道。

第三层为过程信息网，它是 JX-300XP 系统新增的通信网络，在该过程信息网上可实现操作节点之间包括实时数据、实时报警、历史趋势、历史报警、操作日志等的实时数据通信和历史数据查询功能。

第二层为过程控制网（SCnetⅡ），采用双高速冗余工业以太网 SCnetⅡ 作为其控制网络，连接操作站、工程师站与现场控制站等，传递各种实时信息。

底层网络为现场控制站内部网络（SBUS），采用主控制卡指挥式令牌网，存储转发通信协议，是现场控制站各卡件之间进行信息交换的通道。

当然，在 JX-300XP 系统的通信网络上可以挂接通信接口单元（CIU），实现 DCS 与 PLC 等数字设备的连接；通过多功能计算站（MFS）和相应的应用软件 Advantrol-PIMS 或 OPC 接口可实现与企业管理计算机网的信息交换（ERP 或 MIS），实现企业网络环境下的数据采集、实时数据采集、实时流程查看、实时趋势浏览、报警记录与查看、开关量变位记录与查看、报表数据存储、历史趋势存储与查看、生产过程报表生成与输出等功能，从而实现整个企业生产过程的管理、控制全集成综合自动化。

4.1.2　系统特点

JX-300XP 系统作为新一代、全数字化、结构灵活、功能完善的开放式集散控制系统，与以往集散控制系统比较，具有其独特的特点，主要表现如下。

① 高速、可靠、开放的通信网络 SCnetⅡ。采用 1∶1 冗余工业以太网，可靠性高、纠错能力强、通信效率高，真正实现了控制系统的开放性和互联性。

② 分散、独立、功能强大的现场控制站。现场控制站通过主控制卡、数据转发卡和相应的 I/O 卡件实现现场过程信号的采集、处理、控制等功能。

③ 多功能的协议转换接口。JX-300XP 系统中增加了与多种现场总线仪表、PLC 以及智能仪表通信互联的功能，已实现了 Modbus、HostLink 等多种协议的网际互联，可方便地完成对它们的隔离配电、通信、组态修改等。

④ 全智能化设计。现场控制站的系统卡件均采用专用的微处理器，负责系统卡件的控制、检测、运算、处理以及故障诊断等工作，在系统内部实现了全数字化的数据传输和数据处理。

⑤ 任意冗余配置。JX-300XP 现场控制站的电源、主控卡、数据转发卡和模拟量卡均可按不冗余或冗余的要求配置。

⑥ 简单、易用的组态手段和工具。组态软件用户界面友好、功能强大、操作方便，充分支持各种控制方案。

⑦ 丰富、实用、友好的实时监控界面。

⑧ 事件记录功能。JX-300XP 系统提供了功能强大的过程顺序事件记录、操作人员的操作记录、过程参数的报警记录等多种事件记录功能，并配以相应的事件存取、分析、打印、追忆等软件。

⑨ 与异构化系统的集成。网关卡 XP244 是通信接口单元的核心，解决了 JX-300XP 系统与其他厂家智能设备的互联问题。

⑩ 安装方便，维护简单，产品多元化、正规化。

4.2 系统硬件

JX-300XP 系统规模是通过过程控制网络 ScnetⅡ连接工程师站、操作员站和现场控制站，完成站与站之间的数据交换。ScnetⅡ可以接多个 ScnetⅡ子网，形成一种组合结构。一个控制区域包括 15 个现场控制站、32 个操作员站或工程师站，总容量15360 点。JX-300XP 系统硬件主要是指现场控制站和操作站/工程师站两大部分。

4.2.1 控制站硬件

现场控制站中直接与工业现场进行信息交互的是 I/O 处理单元，由主控卡、数据转发卡、I/O 卡、接线端子板及内部 I/O 总线网络组成，用于完成整个工业过程的实时监控功能。现场控制站内部各部件可按用户要求冗余配置，确保系统可靠运行。

JX-300XP 的现场控制站主要由机柜、机笼、供电单元和各类系统卡件组成，其核心是主控制卡。现场控制站内部以机笼为单位，机笼固定在机柜的多层机架上，每只机柜最多配置 8 只机笼，一块主控制卡最多能连接 16 块数据转发卡。在主控制卡冗余配置的情况，两块互为冗余的主控制卡作一块主控制卡处理。数据转发卡是每个机笼必配的卡件，是连接 I/O 卡件和主控制卡的智能通道。

4.2.2 操作站/工程师站硬件

操作站是由工业 PC 机、显示器、键盘、操作员键盘、鼠标、打印机和控制系统软件等组成的人机系统，是操作人员完成过程监控管理任务的人机界面。高性能工控机、卓越的流程图机、多窗口画面显示功能可以方便地实现生产过程信息的集中显示、集中操作和集中管理。

工程师站由工业 PC 机、显示器、键盘、鼠标、打印机等组成，是为专业工程技术人员设计的，内装有相应的组态平台和系统维护工具。通过系统组态平台构建适合于生产工艺要求的应用系统，具体功能包括：系统生成、数据库结构定义、操作组态、流程图画面组态、报表制作等。工程师站也可兼有操作员站的所有功能。

4.3 系统软件

图 4-2 和图 4-3 分别为 AdvanTrol-Pro 软件包支持的系统结构示意图和软件包体系结构示意图。JX-300XP 系统软件采用 AdvanTrol-Pro 软件包，由基于中文 Windows 2000/XP 开发的自动控制应用软件平台，在 WebField 系列集散控制系统中完成系统组态、数据服务和实时监控功能。通过友好的用户界面以及形象直观的功能图标命令，加上 XP032 操作员键盘的配合，使控制系统设计实现和生产过程实时监控快捷方便。

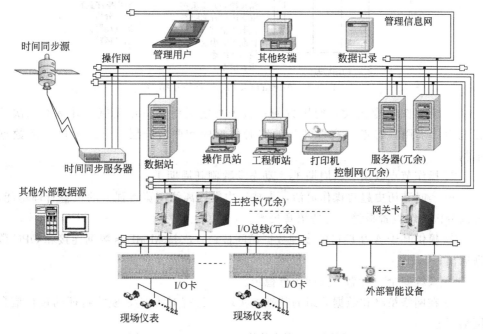

图 4-2 AdvanTrol-Pro 软件支持的系统结构

AdvanTrol-Pro 在网络策略和数据分组的基础上实现了具有对等 C/S 特征的操作网，在该操作网上实现操作站之间包括实时数据、实时报警、历史趋势、历史报警、操作日志等的实时数据通信和历史数据查询。同时 AdvanTrol-Pro 支持用户根据实际情况构建系统结构，与异构系统的数据交换即可通过数据站来实现，也可通过各种通信接口卡执行。

4.3.1 系统软件特点

JX-300XP 系统软件特点主要如下。

① 采用多任务、多线程，32 位代码。

② 良好的开放性能，系统组态结构清晰，界面操作方便。

③ 控制算法组态采用国际标准，实现图形组态与语言组态结合，功能强大。

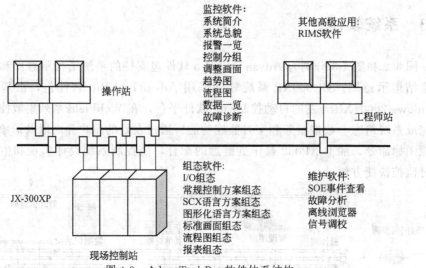

图 4-3　AdvanTrol-Pro 软件体系结构

④ 流程图功能强大，使用方便；报表功能灵活，应用简捷，并具有二次计算能力；采用大容量、高吞吐量的实时数据库和两级分层（分组分区）的数据结构。

⑤ 操作节点数据更新周期 1s，动态参数刷新周期 1s。

⑥ 实时和历史趋势操作灵活，支持历史数据离线浏览；强大的报警管理功能，可以分区分级设置报警，支持语音报警。

⑦ 提供基于 API 接口的多种数据访问接口；支持 ModBus 数据连接和 OPC 数据通信。

⑧ 系统安全、可靠，长期运行稳定。

⑨ 在网络策略和数据分组的基础上实现了具有对等 C/S 模式特征的过程信息网络服务。

除上述特点外，JX-300XP 系统通过 AdvanTrol-Pro 在网络策略和数据分组的基础上实现了具有对等 C/S 特征的过程信息网（也称为操作网）的过程信息服务功能，即在该过程信息网上可实现操作节点之间包括实时数据、实时报警、历史趋势、历史报警，操作日志等的实时数据通信和历史数据查询功能。

4.3.2　系统软件组成

AdvanTrol-Pro 软件包分成运行监控软件和组态软件两大部分。系统运行监控软件构架如图 4-4 所示，主要包括实时监控软件（AdvanTrol）、数据服务软件（AdvRTDC）、数据通信软件（AdvLink）、报警记录软件（AdvHisAlmSvr）、趋势记录软件（AdvHisTrdSvr）、ModBus 数据连接软件（AdvMBLink）、OPC 数据通信软件（AdvOPCLink）、OPC 服务器软件（AdvOPCServer）、网络管理和实时数据传输软件（AdvOPNet）、历史数据传输软件（AdvOPNetHis）等。

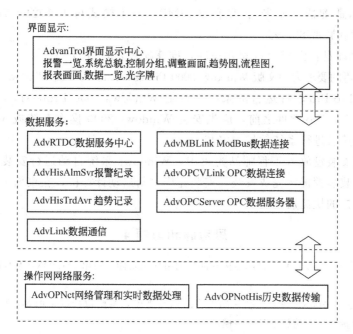

图 4-4　系统监控软件构架

系统组态软件构架如图 4-5 所示，主要由用户授权管理软件（SCReg）、系统组态软件（SCKey）、图形化编程软件（SCControl）、语言编程软件（SCLang）、流程图制作软件（SCDrawEx）、报表制作软件（SCFormEx）、二次计算组态软件（SCTask）、ModBus 系统软件、协议外部数据组态软件（AdvMBLink）等组成。

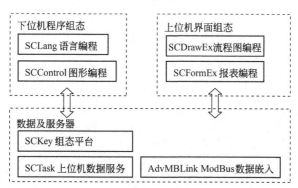

图 4-5　系统组态软件构架

4.3.3　系统软件的运行环境及安装

AdvanTro-Pro 软件的运行环境分为硬件环境和软件环境。

硬件环境的要求如下。

① 主机型号：奔腾Ⅳ（1.8G）以上的工控 PC 机。

② 主机内存≥256MB。

③ 显示适配器（显卡）：显存≥16MB，显示模式可上 1024×768，增强色（16位），刷新频率 85Hz。

④ 主机硬盘：大于 10G 可用空间，推荐配置 80G 硬盘。

软件环境的要求为中文版 Windows 2000 Professional＋SP4 或 Windows XP＋SP2。

AdvanTro-Pro 软件运行的系统平台是 Windows 2000 Professional＋SP4，在安装 AdvanTro-Pro 软件之前，应先安装 Windows 2000 操作系统或 Windows XP 操作系统，然后进行系统软件的安装。

将系统安装盘放入工程师站光驱中，Windows 系统自动运行安装程序，根据系统软件安装步骤提示完成安装。安装完毕重新启动计算机，在桌面上出现系统组态和实时监控的快捷启动键。

思考题和习题 4

4-1　叙述 JX-300XP 系统总体结构各部分的组成及功能；写出 JX-300XP 系统的四层通信网络结构。

4-2　叙述 JX-300XP 现场控制站的硬件结构和规模，主要包括以下内容：控制站的组成，机柜的组成及规模，机笼的组成及规模。

4-3　JX-300XP 的软件系统主要由监控软件和组态软件两大部分构成，其中监控软件包括哪些内容？组态软件包括哪些内容？

5 现场控制站

5.1 现场控制站概述

现场控制站是 JX-300XP 系统实现过程控制的主要设备之一，由主控卡、数据转发卡、I/O 卡件、供电单元、接线端子板及内部 I/O 总线网络组成，用于完成整个工业过程的实时控制。现场控制站通过软件设置和硬件的不同配置，可以构成不同功能的控制站结构，即过程控制站、逻辑控制站、数据采集站。

过程控制站：简称现场控制站，是传统意义上的控制站集散控制系统，它提供常规回路控制的所有功能和顺序控制方案，控制周期最小可达 0.1s。

逻辑控制站：提供马达控制和继电器类型的离散逻辑功能，完成联锁逻辑功能。特点是信号处理和控制响应快，控制周期最小可达 0.05s。逻辑控制站最大负荷：512 个模拟量输入，2048 个开关量，1920KB 控制程序代码，1MB 数据存储器。

数据采集站：提供对模拟量和开关量信号的基本监测功能。

5.1.1 现场控制站的可靠性

JX-300XP 系统的现场控制站通过采取一系列有效的硬、软件措施实现其可靠性和稳定性，主要如下。

① 控制站通过 SBUS 网络构成一种分散的控制结构，提高了系统的可靠性。

② 每一块卡件均带有专用的微处理器，负责卡的控制、检测、运算、处理及故障诊断等，提高了每块卡件的自治性，使系统的可靠性和安全性成倍上升。

③ 模拟输入（AI）卡件采用智能调理和先进的信号前端处理技术，将信号调理与 A/D 转换合二为一，使模拟输入卡具有信号智能调理能力，提高系统的可靠性，也有助于功能扩展。

④ 机笼内部采用板极热冗余技术，卡件可根据需要实现 1:1 热备份。用户可以根据需要对 I/O 卡件选择全冗余、部分冗余或不冗余方式。

⑤ 信号采用磁隔离或光电隔离技术，将干扰拒之于系统之外。通道之间的隔离消除了信号之间的串模干扰影响，提高信号处理的可靠性。

⑥ 在电源上，安装了电源低通滤波器，并采用带屏蔽层的变压器，使控制站与其他的供电电路相隔离。

⑦ 所有智能卡件经过先进的硬件设计和周密的软件配合，实现了带电插拔的

功能，以满足系统运行过程中的维修需要。

5.1.2 现场控制站的规模

JX-300XP 现场控制站内部以机笼为单位，每个机笼（除电源箱机笼）共有 20 个槽位。一个控制站最多可配置 8 只机笼，机笼分配如下：1 只电源箱机笼，位于多层机架最上层；其次是主控制机笼（配置主控制卡），配置了两块主控制卡（冗余）、两块数据转发卡（冗余）、16 块 I/O 卡件；接着就是各类 I/O 机笼（不配置主控制卡），配置了两块数据转发卡（冗余）、16 块 I/O 卡件，而机笼最左端的 1# 和 2# 槽位可插入电源指示卡或空卡。

在一个现场控制站内，主控制卡通过 SBUS 网络可以挂接 8 个 I/O 或远程 I/O 单元（即 8 个机笼），8 个机笼必须安装在两个或两个以上的机柜内。

主控制卡是每个控制站必备，位于机笼最左端的 1# 和 2# 槽位，是现场控制站的核心，可以冗余配置，保证实时过程控制的完整性。各种信号最大配置点数如下。

① AO 模出点数≤128/站。

② AI 模入点数≤384（包括脉冲量）/站。

③ DI 开入点数≤1024/站。

④ DO 开出点数≤1024/站。

⑤ 控制回路：128 个/站（其中 BSC、CSC 之和最大不超过 64 个）。

⑥ 程序空间：4Mbit Flash RAM，数据空间：4Mbit SRAM。

⑦ 自定义 1 字节开关量≤2048（虚拟开关量）。

⑧ 自定义 2 字节变量≤2048（int、sfloat）。

⑨ 自定义 4 字节变量≤512（long、float）。

⑩ 自定义 8 字节变量≤256（sum）。

⑪ 秒定时器 256 个，分定时器 256 个。

当 AI、AO 卡件冗余配置时，互为冗余的两点按一个点进行计算。

数据转发卡是每个机笼必配的卡件，插入机笼的 3# 和 4# 槽位，可以配置互为冗余的两块数据转发卡。如果其按非冗余方式配置，则数据转发卡可插入在这两个槽位的任何一个，空缺的槽位不可作为 I/O 槽位。

I/O 卡件可以按冗余或非冗余方式配置安装在现场控制站的机笼内，I/O 卡件数量在总量不大于 16 的条件下不受限制。

配置灵活是 JX-300XP 现场控制站的特点，用户可以根据需要，对卡件选择全冗余、部分冗余或不冗余，在保证系统可靠性、灵活性的基础上降低费用。

5.2 现场控制站的硬件构成

JX-300XP 现场控制站主要由机柜、机笼、供电单元和系统卡件（主控制卡、数据转发卡和各种信号输入/输出卡）组成，其核心是主控制卡（CPU卡），主控制卡通常安装在机笼的系统卡件槽位最前端，通过控制站内高速数据网络——SBUS网络扩充各种功能，实现现场信号的输入输出，同时完成过程控制中的数据采集、回路控制、顺序控制以及优化控制等各种控制算法。

5.2.1 机柜

机柜提供了安装机笼和接线等所有部件。机柜主要由框架、顶盖、底座、前门、后门、侧门、前非标立柱、19″标准立柱、立柱横档、理线架、端子固定板等组成。其中框架由框架立柱、顶盖、底座等拼接而成，是整个机柜的支撑架。机柜最多配置8只机笼XP221，其中1只电源箱机笼XP251、1只主控机笼XP243（X）以及6只I/O卡件机笼。图5-1为机柜结构示意图。

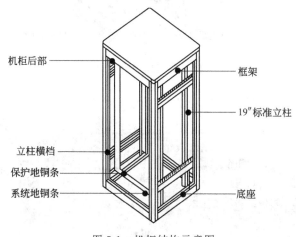

图 5-1　机柜结构示意图

5.2.2 机笼

JX-300XP现场控制站以导轨方式插卡安装（固定）在机笼内，XP211机笼提供20个卡件插槽（2个主控卡插槽、2个数据转发卡插槽和16个I/O卡插槽），1组系统扩展端子、4个SBUS-S2网络接口（DB9针型插座）、1组电源接线端子和16个I/O端子接口插座。SBUS-S2网络接口用于SBUS-S2互联，即机笼与机笼之间的互联；电源端子给机笼中所有的卡件提供5V和24V直流电源；I/O端子接口配合可插拔端子板把I/O信号引至相应的卡件上。除以上功能之外，XP211机笼还提供主控卡与数据转发卡、数据转发卡与I/O卡件之间数据交换的物理通道。图5-2和5-3为机笼结构示意图。

5.2.3 电源

JX-300XP的电源系统具有供电可靠、安装维护方便等特点。现场控制站采用配套电源模块XP251-1，分别输出5V和24V直流电压，使用时插在电源机笼

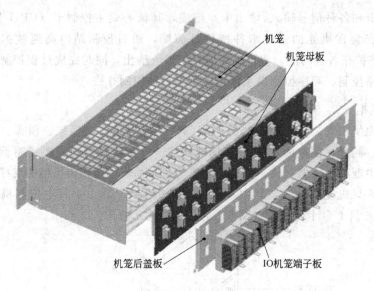

图 5-2　机笼结构 1

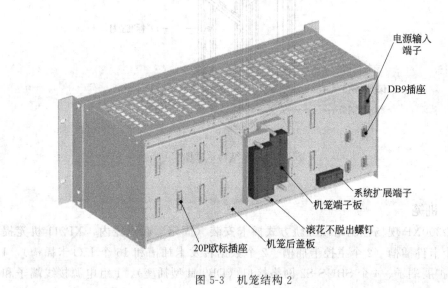

图 5-3　机笼结构 2

XP251 中，每个电源机笼可安装 4 个电源模块。电源配置可按照系统容量及对安全性的要求灵活选用单电源供电、冗余双电源供电等模式。

5.2.4　系统卡件

　　JX-300XP 现场控制站的系统卡件是指主控制卡、数据转发卡和各种 I/O 卡件，各种 I/O 卡件的类型分为模拟量卡、开关量卡和特殊卡件。所有的系统卡件均需安装在机笼内的卡件插槽中。表 5-1 为现场控制站的系统卡件类型和性能一览表。

表 5-1　系统卡件的型号及性能

型号	卡件名称	性能及输入/输出点数
XP243	主控制卡（SCnetⅡ）	负责采集、控制和通信等，10Mbps
XP243X	主控制卡（SCnetⅡ）	负责采集、控制和通信等，16.5Mbps
XP244	通信接口卡（SCnetⅡ）	RS232/RS485/RS422 通信接口，可以与 PLC、智能设备等通信
XP233	数据转发卡	SBUS 总线标准，用于扩展 I/O 单元
XP313	电流信号输入卡	6 路输入，可配电，分两组隔离，可冗余
XP313I	电流信号输入卡	6 路输入，可配电，点点隔离，可冗余
XP314	电压信号输入卡	6 路输入，分两组隔离，可冗余
XP314I	电压信号输入卡	6 路输入，点点隔离，可冗余
XP316	热电阻信号输入卡	4 路输入，分两组隔离，可冗余
XP316I	热电阻信号输入卡	4 路输入，点点隔离，可冗余
XP335	脉冲量信号输入卡	4 路输入，分两组隔离，不可冗余，可对外配电
XP341	PAT 卡（位置调整卡）	2 路输出，统一隔离，不可冗余
XP322	模拟信号输出卡	4 路输出，点点隔离，可冗余
XP361	电平型开关量输入卡	8 路输入，统一隔离
XP362	晶体管触点开关量输出卡	8 路输出，统一隔离
XP363	触点型开关量输入卡	8 路输入，统一隔离
XP369	SOE 信号输入卡	8 路输入，统一隔离

现场控制站内所有卡件均按智能化要求设计，系统内部实现全数字化的数据传输和信息处理，即均采用专用的微处理器，负责卡的控制、检测、运算、处理及故障诊断等工作；同时 I/O 卡件采用智能调理和先进的信号前端处理技术，减轻了主控制卡 CPU 的负荷，加快系统信号处理的速度，提高了每块卡件的自治性以及整个系统的可靠性、安全性，也有助于功能扩展。所有卡件都采用了统一的外形尺寸，具有 LED 卡件的状态指示和故障指示功能，如故障指示、运行指示、工作/备用指示、数据通信指示和电源指示等，如图 5-4 为数据转发卡和某一 I/O 卡件的结构示意图。

（1）主控制卡 XP243/XP243X

主控制卡是现场控制站软硬件的核心（又称 CPU 卡），负责协调控制站内所有软硬件的关系和各项控制任务，完成数据采集、信息处理、控制运算等各项功能。通过过程控制网络（SCnetⅡ）与操作监控级（操作站、工程师站）相连，接收上层的管理信息，并向上传递工艺装置的特性数据和采集到的实时数据；向下通过 SBUS 网络和数据转发卡通信，实现与 I/O 卡件的信息交换（现场信号的输入采样和输出控制）。JX-300XP 系统包括 XP243、XP243X 两个型号的主控制卡，图 5-5 为主控制卡结构示意图。

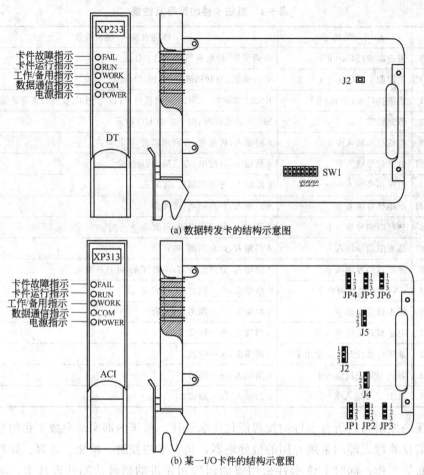

(a) 数据转发卡的结构示意图

(b) 某一I/O卡件的结构示意图

图 5-4　系统卡件的结构示意图

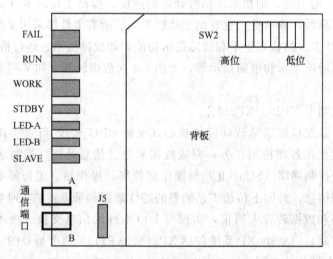

图 5-5　主控制卡结构示意图

从图中可以看出，主控制卡面板上具有两个互为冗余的 SCnetⅡ通信端口（A/B）、7 个 LED 状态指示灯、RAM 后备电池开/断跳线 J5 以及网络节点地址（ScnetⅡ）设置拨号开关 SW2。

主控卡网络地址设置有效范围最多为 15 个控制站，对 TCP/IP 协议地址采用如表 5-2 所示的系统约定。

表 5-2 TCP/IP 协议地址的系统约定

类　别	地址范围		备　注
	网络码	IP 地址	
控制站地址	128.128.1	2～31	每个控制站包括两块互为冗余主控制卡。同一块主控制
	128.128.2	2～31	卡享用相同的 IP 地址，两个网络码

表中，网络码 128.128.1 和 128.128.2 分别代表两个互为冗余的网络，在控制站表现为两个冗余的通信口即上为 128.128.1，下为 128.128.2。

每个控制站可以安装两块互为冗余的主控卡，分别在主机笼的主控卡槽位（I/O 机笼的最前两个槽位）内。主控制卡与所在机笼的数据转发卡通信直接通过机笼母板的电气连接实现，不需要另外连线。与其他机笼数据转发卡的通信通过机笼母板背后的 SBUS-S2 端口及 RS485 网络连线实现。主控制卡可以冗余配置，也可单卡工作。冗余中的每一个主控制卡均执行同样的应用程序，但是只有一个处于运行的控制方式（工作机），另一个处于运行的后备方式（备用机），它们都能访问 I/O 和过程控制网络，处于工作模式下的主控制卡起着控制、输出、实时信息广播决定性的作用。一旦主控制卡被切换到后备方式，故障的主控制卡可断电维修或更换，不影响系统的安全运行。

（2）数据转发卡 XP233

数据转发卡（XP233）是系统 I/O 机笼的核心单元，如图 5-4(a) 所示。数据转发卡是主控制卡连接 I/O 卡件的中间环节，一方面驱动 SBUS 总线，另一方面管理本机笼的 I/O 卡件。通过数据转发卡，一块主控制卡可扩展 1～8 个 I/O 机笼，即可以扩展 1～128 块不同功能的 I/O 卡件。同时数据转发卡还具有冷端温度采集功能，负责整个 I/O 单元的冷端温度采集。

每个数据转发卡具有完全独立的微处理器和 WDT（看门狗定时器）复位功能，在卡件受到干扰而造成软件混乱时能自动复位 CPU，使系统恢复正常运行。

图 5-6 为现场控制站内的 SBUS 网络结构示意图，从图中可以看出主控制卡和数据转发卡在网络结构上所处的位置。数据转发卡的 SBUS 通信采用的是双冗余口同发同收的工作方式，在检测到两个通信口均工作正常的情况下，XP233 卡将任选一通信口完成数据的接收。而当检测到某一通信口故障时，XP233 卡将自动选择工作正常的通信口接收，保证接收过程的连续，并通过指示灯（COM）闪烁表示，同时将通信口故障的信息传送给上位机显示；当两个通信口均发生故障时，该指示灯停止闪烁，变暗。

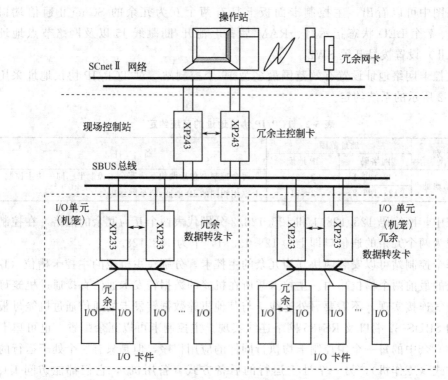

图 5-6　SBUS 网络结构

（3）通信接口卡 XP244

通信接口卡（XP244）是通信接口单元的核心，解决 JX-300XP 系统与其他厂家智能设备的互联问题。其作用是将用户智能系统的数据通过通信的方式接入 DCS 系统中，通过 SCnetⅡ网络实现数据在 JX-300XP 系统中的共享。

XP244 的应用在很大程度上解决了一部分外部设备与 DCS 系统的通信，使得 DCS 系统能方便与一些厂家的现场智能设备相连，已经实现了符合 Modbus-RTU、HostLink-ASCⅡ通信协议和一些通信协议开放的智能设备的互联。

XP244 卡件可以安装在系统机笼 I/O 卡件槽位内（占用两个 I/O 槽位），不能安装在主控卡和数据转发卡的槽位上。XP244 卡件硬件升级为 V3.0 后，通过 SW1 拨码开关设置可选择通信接口为 RS232 口或 RS485 口。

（4）I/O 卡件

JX-300XP 现场控制站的 I/O 卡件分为模拟量卡件、数字量卡件和特殊卡件，如表 5-1 所示。所有的 I/O 卡件均需安装在机笼的 I/O 插槽中。

① 电流信号输入卡 XP313/XP313I。电流信号输入卡是一块带 CPU 的智能型卡件，对模拟量电流输入信号进行调理、测量的同时，还具备卡件自检及与主控制卡通信的功能。该卡可以测量 6 路电流信号（Ⅱ型或Ⅲ型），并可为 6 路变送器提供＋24V 隔离配电电源，通过跳线选择是否需要配电功能。用户通过组态选择信

号类型（Ⅱ型或Ⅲ型标准电流信号）、卡件地址、滤波参数等。

电流信号输入卡的 6 路信号调理分为二组。1、2、3 通道为第一组，4、5、6 通道为第二组，同一组内的信号调理采用同一个隔离电源供电，两组间的电源及信号互相隔离，并且都与控制站的电源隔离。当卡件被拔出后，卡件与主控制卡通信中断，系统监控软件显示此卡件通信故障。

② 电压信号输入卡 XP314/XP314I。电压信号输入卡是智能型带有模拟量信号调理的 6 路模拟信号采集卡，每一路可单独组态并接收标准电压信号（Ⅱ型或Ⅲ型）、毫伏信号以及各种型号的热电偶信号，将其调理后再转换成数字信号并通过数据转发卡送给主控制卡。表 5-3 为信号测量范围及精度。

电压信号输入卡的 6 路信号调理分为两组。其中 1、2、3 通道为第一组，4、5、6 通道为第二组，同一组内的信号调理采用同一个隔离电源供电，两组之间的电源和信号互相隔离，并且都与控制站的电源隔离。卡件可单独工作，也能以冗余方式工作。卡件具有自诊断功能，在采样、处理信号的同时，也在进行自检。卡件冗余配置时，一旦工作卡自检到故障，立即将工作权让给备用卡，并且点亮故障灯报警，等待处理。工作卡和备用卡对同一点信号同时进行采样和处理，无扰动切换。单卡工作时，一旦自检到错误，卡件也会点亮故障灯报警。

电压信号输入卡在采集热电偶信号时同时具有冷端温度采集功能，当然冷端温度的测量也可以由数据转发卡 XP233 完成，当组态中主控卡对冷端设置为"就地"时，主控卡使用 I/O 卡（XP314）采集的冷端温度并进行处理，此时补偿导线必须一直从现场延伸到 I/O 单元的接线端子处；当组态中主控卡对冷端设置为"远程"时，为数据转发卡 XP233 采集冷端，主控卡使用 XP233 卡采集的冷端温度并进行处理。用户通过组态决定其对何种信号进行处理，并可随时在线更改，方便灵活。

表 5-3　信号测量范围及精度

输入信号类型	测量范围	精度	其它
B 型热电偶	(0～1800)℃	±0.2%FS	
E 型热电偶	(-200～900)℃	±0.2%FS	
J 型热电偶	(-40～750)℃	±0.2%FS	
K 型热电偶	(-200～1300)℃	±0.2%FS	冷端补偿误差±1℃
S 型热电偶	(200～1600)℃	±0.2%FS	
T 型热电偶	(-100～400)℃	±0.2%FS	
毫伏	(0～100)mV	±0.2%FS	
毫伏	(0～20)mV	±0.2%FS	
标准电压	(0～5)V	±0.2%FS	
标准电压	(1～5)V	±0.2%FS	

③ 热电阻信号输入卡 XP316/XP316I。热电阻信号输入卡是一块智能型、分组

隔离、专用于测量热电阻信号、可冗余的四路 A/D 转换卡。每一路可单独组态，接收 Pt100、Cu50 二种热电阻信号，将其调理后转换成数字信号并通过数据转发卡送给主控制卡。四路信号调理分为两组，其中 1、2 通道为第一组，3、4 通道为第二组，同一组内的信号调理采用同一个隔离电源供电，两组之间的电源和信号互相隔离，并且都与控制站的电源隔离。卡件可单独工作，也能以冗余方式工作。表 5-4 为该卡的信号测量范围和精度，表 5-5 为 XP316/XP316I 的端子定义和接线。

表 5-4　信号测量范围和精度

输入信号类型	测量范围/℃	精　　度
Pt100 热电阻	−148～850	±0.2%FS
Cu50 热电阻	−50～150	±0.5%FS

表 5-5　XP316/XP316I 端子定义及接线

端子图	端子号	端子定义	备注
	1	CH1A	
	2	CH1B	第一通道
	3	CH1C	
	4	CN	
	5	CH2A	
	6	CH2B	第二通道
	7	CH2C	
	8	NC	
	9	CH3A	
	10	CH3B	第三通道
	11	CH3C	
	12	NC	
	13	CH4A	
	14	CH4B	第四通道
	15	CH4C	
	16	NC	

④ 电流信号输出卡 XP322。模拟信号输出卡为 4 路点点隔离型电流（Ⅱ型或Ⅲ型）信号输出卡。作为带 CPU 的高精度智能化卡件，具有实时检测输出信号的功能，允许主控制卡监控输出电流。通过跳线设置，可改变卡件的负载驱动能力。

使用电流信号输出卡时，对于有组态但没有使用的通道有如下要求：(1) 接上额定值以内的负载或者直接将正负端短接。(2) 组态为Ⅱ型信号时，设定其输出值为 0mA；组态为Ⅲ型信号时，设定其输出值为 20mA。

⑤ 脉冲量信号输入卡 XP335。脉冲量信号输入卡是贴片化脉冲量测量卡。每块卡件能测量 4 路三线制或二线制 1Hz～10kHz 的脉冲信号，分成两组，组组隔离；其中 0～2V 为低电平，5～30V 为高电平，不需要跳线设置，且能做到计数时不丢失脉冲，但是该卡件不可冗余。

用户通过组态，可以使卡件对输入信号按照频率型或累积型信号进行转换。按频率型进行信号转换适用于输入信号频率较高，对瞬时流量精度有较高要求的场合；按累积型进行信号转换适用于输入信号频率较低，对总流量精度有较高要求的场合。

⑥ 电平型开关量输入卡 XP361。电平型开关量输入卡 XP361 是 8 路数字信号输入卡，快速响应电平信号输入，采用光电隔离方式实现数字信号的准确采集。卡件具有自诊断功能（包括对数字量输入通道工作是否正常进行自检）。外部电压可根据需要选择 24V 或 48V。表 5-6 为 XP361 的端子定义和接线。

表 5-6　XP361 的端子定义和接线

端子图	端子号	端子定义	备注
	1	CH1+	第一路
	2	CH1−	
	3	CH2+	第二路
	4	CH2−	
	5	CH3+	第三路
	6	CH3−	
	7	CH4+	第四路
	8	CH4−	
	9	CH5+	第五路
	10	CH5−	
	11	CH6+	第六路
	12	CH6−	
	13	CH7+	第七路
	14	CH7−	
	15	CH8+	第八路
	16	CH8−	

⑦ 晶体管触点开关量输出卡 XP362。晶体管触点开关量输出卡是智能型 8 路无源晶体管开关触点输出卡，可通过中间继电器驱动电动执行装置。采用光电隔离，不提供中间继电器的工作电源；具有输出自检功能。表 5-7 为 XP362 的端子定义和接线。

表 5-7　XP362 端子定义及接线

端子图	端子号	端子定义	备注
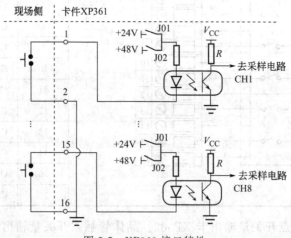	1	CH1＋	第一通道
	2	CH1－	
	3	CH2＋	第二通道
	4	CH2－	
	5	CH3＋	第三通道
	6	CH3－	
	7	CH4＋	第四通道
	8	CH4－	
	9	CH5＋	第五通道
	10	CH5－	
	11	CH6＋	第六通道
	12	CH6－	
	13	CH7＋	第七通道
	14	CH7－	
	15	CH8＋	第八通道
	16	CH8－	

⑧ 干触点开关量输入卡 XP363。干触点开关量输入卡是智能型 8 路干触点开关量输入卡。采用光电隔离，与 XP361 的不同之处在于该卡件提供隔离的 24V/48V 直流巡检电压，具有自检功能，图 5-7 为 XP363 的接口特性示意图。

图 5-7　XP363 接口特性

⑨ 控制站端子板。JX-300XP 系统信号配线采用端子板转接形式，因此提供了丰富的各种端子板，主要包括 XP520 信号端子板、XP520R 信号冗余端子板；专

78

门为 DI/DO 信号开发的信号端子板——XP562-GPR16 路机械继电器输出端子板、XP563-110V16 路 110V 交流开关量信号输入端子板、XP563-220V16 路 220V 交流开关量信号输入端子板、XP563-GPR16 路通用继电器隔离开关量输入端子板；与机笼卡件实现连接的 XP562、XP563 两个系列的端子板所需要的 XP521 端子板转接模块。

系统的输入/输出信号经过相应的端子板转接分别供系统卡件处理和用于驱动功率继电器、小功率现场设备、伺服放大器、可控硅等。而端子板上的滤波电路、抗浪涌冲击电路、过流保护电路等功能电路，提供对信号的前期处理及保护功能。

思考题和习题 5

5-1　JX-300XP 现场控制站在整个系统中的作用是什么？按功能现场控制可以分成三种类型，写出它们的类型及相关功能。

5-2　JX-300XP 现场控制站内部以机笼为单位，每个控制站最多可配置多少机笼？机笼内根据卡件型号，机笼又分哪三种类型？

5-3　JX-300XP 现场控制站的硬件构成主要是指哪些？其中主控机笼和 I/O 机笼的硬件构成及相关位置分别是什么？

5-4　JX-300XP 现场控制站使用的 I/O 卡件有哪些类型？叙述主控制卡和数据转发卡分别在控制站的作用和功能。

5-5　JX-300XP 系统的输入输出卡件有哪些类型？

5-6　现有控制系统要求如下。

（1）控制回路：单回路控制 15 个，串级控制 10 个，单闭环比值控制 4 个，双闭环比值控制 2 个，前馈反馈控制 5 个，前馈串级控制 4 个。

（2）检测点：温度（热电阻）30 点；压力、流量和液位等（1～5VDC）50 点，两线制变送器的输入信号 10 点。

（3）数字量：输入 72 点，输出 50 点。

对上述控制系统进行现场控制站的工程设计，要求如下。

（1）根据控制系统要求，合理选择系统卡件。

（2）根据 I/O 卡件的数目，选择控制站类型和规模，设计相应控制站。

（3）画出控制站的机笼（系统 I/O）配置简图。

（4）基于 JX-300XPDCS 的控制系统结构配置简图。

6 操 作 站

6.1 操作站概述

JX-300XP 系统采用通用 PC 机作为操作站，以 Windows2000 或 WindowsXP 作为操作系统，使得操作站具有开放的操作环境，同时将 DCS 的功能和 PC 系统易于操作性紧密结合，在简捷的监控操作界面之后蕴藏着强大的能力，使操作站不仅仅只用于操作、监视和控制工厂，而且还可以进行系统生成功能、维护和管理功能。

JX-300XP 操作站的系统监控软件主要包括：实时监控软件（AdvanTrol）、故障分析软件（SCDiagnose）、ModBus 数据连接软件（AdvMBLink）、OPC 实时数据服务器软件（AdvOPCServer）、C/S 网络互联功能。

实时监控软件（AdvanTrol）是控制系统实时监控软件包的重要组成部分，是基于 Windows2000 中文版开发的 SUPCONWebField 系列控制系统的上位机监控软件，用户界面友好，其基本功能为数据采集和数据管理。实时监控软件从控制系统或其他智能设备采集数据以及管理数据，通过图形画面（调整画面、报警一览画面、系统总貌画面、控制分组画面、趋势画面、流程图画面、数据一览画面和故障诊断画面）进行过程监视、控制、报警、报表、数据存档等。实时监控软件所有的命令都化为形象直观的功能图标，通过鼠标和操作员键盘的配合使用，方便地完成各种监控操作。

故障分析软件（SCDiagnose）是进行设备调试、性能测试以及故障分析的重要工具。故障诊断软件主要功能包括：故障诊断、以太网络测试、网络响应测试、节点地址管理簿、控制回路管理、网络通信监听等。

ModBus 数据连接软件（AdvMBLink）是连接 AdvanTrol 控制系统及与其他设备进行数据连接的软件。它可以与其他支持 ModBus 串口通信协议的设备进行数据通信，同时与 AdvanTrol 控制系统进行数据交互。

OPC 实时数据服务器软件（AdvOPCServer）是将 DCS 实时数据以 OPC 位号的形式提供给各个客户端应用程序。AdvOPCServer 的交互性能好，通信数据量较大、通信速度也快。该服务器可同时与多个 OPC 客户端程序进行连接，每个连接可同时进行多个动态数据（位号）的交换。

C/S 网络互联功能是 JX-300XP 最新功能，通过 AdvanTrol-proV2.5 在网络策略和数据分组的基础上实现了具有对等 C/S 特征的操作网，在该操作网上实现操作站之间包括实时数据、实时报警、历史趋势、历史报警、操作日志等的实时数据通信和历史数据查询。该项功能主要通过网络管理和实时数据传输软件（AdvOPNet）、历史数据传输软件（AdvOPNetHis）和他相关模块实现。

6.2 操作站的实时监控系统

操作站的实时监控功能通过实时监控软件实现，实时监控软件的运行界面是操作人员监控整个生产过程的工作平台。在该平台上，操作人员通过各种监控画面监视工艺对象的数据变化情况，发出各种操作和控制指令来干预生产过程，从而保证生产系统正常运行。熟悉和掌握正确的操作方法，有利于及时解决生产过程中出现的问题，保证系统的稳定运行。

6.2.1 基本操作规程

（1）实时监控软件的启动

正确启动实时监控软件是实现监控操作的前提。启动实时监控软件之前必须在组态文件夹的 Run 子文件夹下保存着扩展名 .IDX 的组态索引文件，同时组态时为各操作小组配置的监控画面及采用的网络策略不同，启动时一定要正确选择。

双击桌面上实时监控的快捷图标或者点击【开始/程序】中的"实时监控"命令，弹出实时监控软件启动的"组态文件"对话框，如图 6-1 所示。选择相应的组态文件、登录权限和网络策略后进入实时监控画面，如图 6-2 所示。

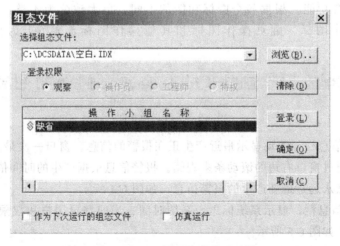

图 6-1　实时监控软件启动对话框

在进行启动实时监控系统的对话过程中，必须注意以下问题。

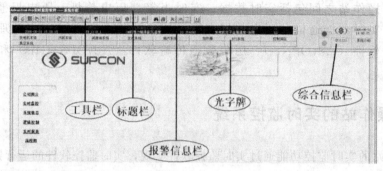

图 6-2　实时监控画面示意图

　　① 图 6-1 的"仿真运行"选项，表明系统没有和控制站连接，这时的监控画面上所有数据点将显示仿真数据，并非实际工程数据。

　　② 图 6-1 的"作为下次运行的组态文件"选项，表明下次启动 AdvanTrol 监控软件时将按本次的设置直接进入实时监控画面。若重启系统，则系统将自动启动运行 AdvanTrol 监控软件。

　　③ 组态时，已将网络策略与操作小组唯一关联，启动时不会弹出"选择网络策略"对话框，而是根据组态设定的关联网络策略直接启动实时监控软件。

　　（2）实时监控画面简介

　　由图 6-2 可以看出实时监控画面主要由标题栏、工具栏、报警信息栏、综合信息栏、光字牌和主画面区 6 大部分组成。

　　① 标题栏，显示实时监控软件的标题信息：AdvanTrol-Pro 实时监控软件——×××××，其中×××××为当前实时监控主画面的名称。

　　② 工具栏，共 24 个形象直观的操作工具图标，如图 6-3 所示，包括了监控软件的所有功能。根据各个图标功能的不同，可大致分为 4 类：系统操作图标、画面操作图标、翻页操作图标和其他操作图标，表 6-1 为操作图标一览表。

图 6-3　工具栏示意图

　　③ 报警信息栏，滚动显示最近产生正在报警的信息。窗口一次最多显示 4 条，其余的可以通过窗口右边的滚动条来查阅。报警信息根据产生的时间依次排列，第一条报警信息永远是最新产生的报警信息，如图 6-4 所示。

　　④ 综合信息栏，显示系统标志、系统时间、当前登录用户和权限以及该画面名称等信息，如图 6-5 所示。

　　⑤ 光字牌，光字牌通过二次计算进行组态，主要功能是显示光字牌所表示的数据区的报警状态。根据组态内容不同，会有不一样的布局，如图 6-6 所示。

表 6-1　操作图标一览表

图标	名　　称	图标	名　　称
	操作规程(系统操作规程,可修改)		系统服务(报表打印、实时报警打印等)
	报警一览(所有报警信息)		翻页(任意画面切换)
	总貌画面		后页(多页同类画面)
	控制分组画面		前页(多页同类画面)
	调整画面		打印(当前监控画面)
	趋势画面		查找位号(查找 I/O 位号)
	流程图画面		口令(改变当前登录用户)
	弹出式流程图		报警确认
	报表画面		消音(屏蔽报警声音)
	数据一览画面		退出系统
	故障诊断画面(控制站硬件和软件运行情况)		操作记录一览
	载入组态		

图 6-4　报警信息栏示意图

　　若光字牌对应的数据区中存在 0 级报警，则光字按钮以红色闪烁警示，非 0 级报警则以黄色闪烁警示。经确认，按钮停止闪烁。未确认但报警已消除时，光字按钮以绿色闪烁警示。未绑定分区的光字按钮将不响应外部操作。光字牌显示的数据区的报警状况，点击可以弹出相应区的报警信息图，进行一些报警设置。

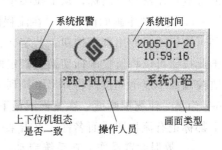

图 6-5　综合信息栏示意图

图 6-6　光字牌示意图

⑥ 主画面区，是 AdvanTrol 监控软件界面中最大的区域，根据选中的画面不同而显示不同的内容。主画面区可显示的监控操作画面如表 6-2 所示。其中调整画面是实时监控软件根据所组态的回路、模入信号点、自定义模拟信号点自动生成。一页只显示一个回路或模入信号点或自定义模拟信号点的信息。

表 6-2　监控操作画面一览表

画面名称	页数	显示	功　能	操　作
系统总貌	160	32 块	显示内部仪表、检测点等的数据状态或标准操作画面	画面展开
控制分组	320	8 点	显示内部仪表、检测点、SC 语言数据和状态	参数和状态修改
调整画面	不定	1 点	显示一个内部仪表的所有参数和调整趋势图	参数和状态修改、显示方式变更
趋势图	640	8 点	显示 8 点信号的趋势图和数据	显示方式变更、历史数据查询
流程图	640		流程图画面和动态数据、棒状图、开关信号、动态液位、趋势图等动态信息	画面浏览、仪表操作
报警一览	1	1000 点	按发生顺序显示 1000 个报警信息	报警确认
数据一览	160	32 点	显示 32 个数据、文字、颜色等	画面展开

（3）基本监控操作

① 画面切换操作。监控画面的切换操作非常简单，切换画面的方法有以下几种形式。

a. 不同类型画面间的切换。由一种类型画面（如调整画面）切换到另一种类型画面（如总貌画面）时，只要点击目标画面的图标即可。若组态时已将总貌画面组态为索引画面，则可在总貌画面中点击目标信息块切换到目标画面。右击翻页图标，从下拉菜单中选择目标画面。

b. 同一类型画面间的切换。利用前页图标和后页图标，进行同一类型画面间的翻页。左击翻页图标，从下拉菜单中选择目标画面。

c. 流程图中画面的切换。在流程图组态过程中，可以将命令按钮定义成普通翻页按钮或是专用翻页按钮。若定义为普通翻页按钮时，则在流程图监控画面中点击此按钮可以将监控画面切换到指定画面；若定义为专用翻页按钮时，则在流程图监控画面中点击此按钮将弹出下拉列表，可以从列表中选择要切换的目标画面。图 6-7 为某一流程图画面，在流程图最下面两行为流程图画面切换按钮，在每个按钮上都标记有流程图画面名称，点击某一按钮，可切换到对应的流程图画面。

② 数据设置操作。在系统启动、运行、停车过程中，常常需要操作人员对系统初始参数、回路给定值、控制开关等进行赋值操作以保证生产过程符合工艺要求。这些赋值操作大多是利用鼠标和操作员键盘在监控画面中完成的。常见的数据设置操作方法如下。

a. 调整画面的赋值操作：在权限足够的情况下（此时可操作项为白底），如图 6-8 所示。在调整画面中可进行的赋值操作如下。

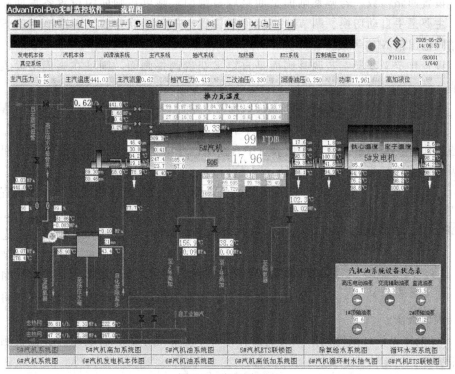

图 6-7　流程图画面

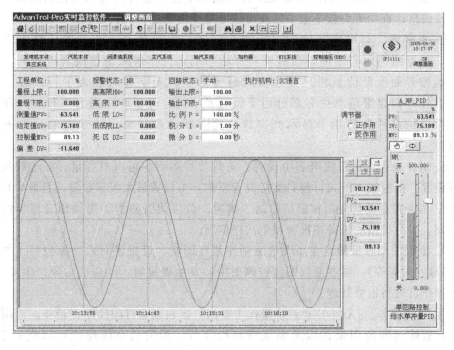

图 6-8　调整画面

设置回路参数：若调整画面是回路调整画面，则可在画面中设置各种回路参数，主要是手自动切换、调节器正反作用设置、PID调节参数、回路给定值SV、回路阀输出值MV等设置操作。

设置自定义变量：若调整画面是自定义变量调整画面，则可在画面中设置变量值。

手工置值模入量：若调整画面是模入量调整画面，则可在画面中手工置值模入量。

b. 控制分组画面的赋值操作：在权限足够的情况下，在分组画面中可进行的赋值操作有：开出量赋值即在仪表盘中直接赋值开出量；自定义开关量赋值即可在仪表盘中直接赋值自定义开关量。

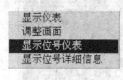

图6-9　动态数据右键菜单

c. 流程图的赋值操作：在权限足够的情况下，在流程图画面中可进行的赋值操作方法有：命令按钮赋值即点击赋值命令按钮直接给指定的参数赋值；开关量赋值即点击动态开关在弹出的仪表盘中对开关量进行赋值；模拟量数字赋值即右击流程图画面的动态数据对象，在弹出的右键菜单如图6-9，若选择"调整画面"则弹出，若选择"显示仪表"将弹出仪表面板图。

③ 报警操作。报警监控方式主要有报警一览、光字牌、音响报警、流程图动画报警等。

a. 报警一览画面：利用动态显示符合组态中位号报警信息和工艺情况而产生的报警信息，查找历史报警记录以及对位号报警信息进行确认等。

b. 光字牌：利用光字牌所表示的数据区的报警信息。在二次计算中进行组态，根据组态内容不同，会有不一样的布局，光字牌未组态或者组态为0行时，监控界面报警信息栏只显示实时报警信息。光字牌组态为1行或者2行时，监控界面报警信息栏有部分用于显示光字牌。光字牌组态为3行时，监控界面报警信息栏全部用于显示光字牌，此时需通过报警一览来查看全部报警信息。

c. 语音报警：在系统组态中设置。实时监控画面中可以对音量、混音数量等进行设置。报警发声形式目前只支持混音模式，可设置最大混音数量，且最大数量为10。语音报警的优先级按照位号语音报警＞分区语音报警＞等级语音报警的类型排列。同一类型的报警按报警产生次序排列。

d. 流程图动画报警：在系统组态制作流程图时，设置了对象动画报警（如显示/隐藏、闪烁等），则在流程图监控画面中，发生报警时，相应的对象产生动画，提醒操作员进行报警处理。

④ 系统操作。JX-300XP系统操作主要指：报表浏览打印操作、趋势画面浏览操作、故障诊断画面操作以及系统管理操作等，相关的系统操作可以查看JX-300XP的操作手册，此外在综合篇的实验和综合中可以参考。

6.2.2 实时监控系统

JX-300XP 系统的实时监控是由一系列监控画面组成的，它们分别是调整画面、报警一览画面、系统总貌画面、控制分组画面、趋势画面、流程图画面、数据一览画面和故障诊断画面。

（1）调整画面

调整画面是自生成画面，通过数值、趋势图以及内部仪表来显示位号的信息。调整画面显示的位号类型有：模入、自定义半浮点量、手操器、自定义回路、单回路、串级回路、前馈控制回路、串级前馈控制回路、比值控制回路、串级变比值控制回路、采样控制回路等。在工具栏中点击调整画面图标调出该画面，如图 6-10 所示。

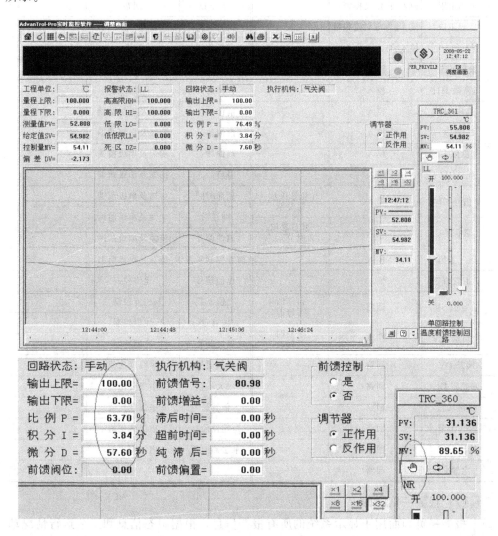

图 6-10 调整画面

调整画面以数值方式显示位号的所有信息（部分可修改），显示的数值项见表6-3；而趋势图显示最近1～32min的趋势曲线，鼠标点击选择显示时间范围，通过鼠标拖动时间轴游标，可显示某一时刻的位号数值。在权限足够的情况下（此时可操作项为白底），在调整画面中可进行的赋值操作，即回路参数设置、自定义变量设置以及模入量手工置值。

表 6-3　调整画面显示数值项一览表

数值项	属于	备注	数值项	属于	备注
工程单位	模入、自定义模拟量		积分 I	回路	
量程上限	模入、自定义模拟量		微分 D	回路	
量程下限	模入、自定义模拟量		执行机构	回路	
测量值 PV	模入、自定义模拟量		正反作用	回路	
报警状态	模入		控制时间	采样控制	
高高限 HH	模入		保持时间	采样控制	
高限 HI	模入		前馈阀位	前馈及串级前馈	
低限 LO	模入		前馈信号	前馈及串级前馈	
低低限 LL	模入		前馈增益	前馈及串级前馈	
死区 DZ	模入		滞后时间	前馈及串级前馈	
小信号切除	模入	组态开方时显示	超前时间	前馈及串级前馈	
			纯滞后	前馈及串级前馈	
累积量	模入	组态累积时显示	前馈偏置	前馈及串级前馈	
手工置值	模入		前馈控制要否	前馈及串级前馈	
手工置值否	模入		比值信号	比值控制	
给定值 SV	回路	自动时可修改	比值系数	比值控制	
			偏移量	比值控制	
控制量 MV	回路	手动时可修改	比值控制要否	比值控制	
偏差 DV	回路		比值信号	串级变比值	
偏差限 DL	回路		放大系数	串级变比值	
回路状态	回路		偏移量	串级变比值	
输出上限	回路		定比值	串级变比值	
输出下限	回路		乘法器要否	串级变比值	
比例 P	回路				

（2）报警一览画面

报警一览画面用于显示系统的所有报警信息，根据组态信息和工艺运行情况动态查找新产生的报警并显示符合条件的报警信息。

88

在工具栏中点击报警一览画面图标，则实时报警一览画面如图 6-11 所示。在报警一览画面中滚动显示最近产生的 1000 条报警信息，报警信息列表显示实时报警信息和历史报警信息两种状态，并且实时报警状态和历史报警查询状态之间的切换可以通过报警一览工具条中的切换按钮完成。实时报警列表每过一秒钟检测一次位号的报警状态，并刷新列表中的状态信息。历史报警列表只是显示已经产生的报警记录。

图 6-11　实时报警一览画面

报警一览画面上有一组工具按钮，可以进行报警追忆、实时报警显示、报警属性设置、报警历史记录备份、打印、确认、销警等一系列的有关报警操作。

（3）系统总貌画面

系统总貌画面是各个实时监控操作画面的总目录，主要用于显示过程信息，或作为索引画面，进入相应的操作画面，也可以根据需要设计成特殊菜单页。

总貌画面是实时监控的主要监控画面之一，由用户在组态软件的总貌画面项设置产生。每页画面最多显示 32 块信息，每块信息可以为过程信息点（位号）和描述、标准画面（系统总貌、控制分组、趋势图、流程图、数据一览等）索引位号和描述。过程信息点（位号）显示相应的信息、实时数据和状态。标准画面显示画面描述和状态。当信息块显示的信息为模入量位号、自定义半浮点位号、回路及标准画面时，单击信息块可进入相应的操作画面。点击工具栏中点击总貌画面图标弹出该画面，如图 6-12 所示。

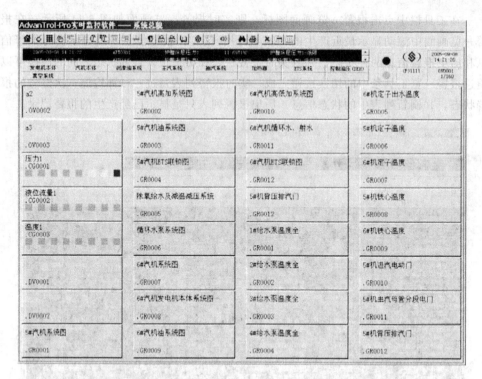

图 6-12　系统总貌画面

（4）控制分组画面

控制分组画面通过内部仪表的方式显示各个位号以及回路信息，信息主要包括位号名（回路名）、位号当前值、报警状态、当前值柱状显示、位号类型以及位号注释等。每个控制分组画面最多可以显示八个内部仪表，通过鼠标单击可修改内部仪表的数据或状态。

在工具栏中点击控制分组图标弹出该画面，如图 6-13 所示。在控制分组画面上点击位号名将进入相应的调整画面（不包括开关量），通过光标左右键或功能键 F1～F8 也可以选择对应的内部仪表，点击调整画面图标将进入该位号的调整画面。

在操作站的监控画面中，许多位号的信息以模仿常规仪表的界面方式显示，这些仪表称为内部仪表，包括模入仪表、PAT 数据仪表、开入开出仪表、回路仪表、开关量仪表、半浮点仪表、描述量仪表和整数仪表，如图 6-14 所示。

当操作人员拥有操作某项数据的权限及该数据可被修改时，此时数值项为白底，输入数值，按回车确认修改，通过操作员键盘的增减键也可修改数值项；通过鼠标单击可修改按钮值，如回路仪表的手/自/串状态、开出状态等；回路仪表的给定（SV）和输出（MV）及描述仪表的描述状态以滑动杆方式控制，通过鼠标左键按下（不释放）拖动滑块选择修改的位置（数值），释放鼠标左键，按回车确认修改。

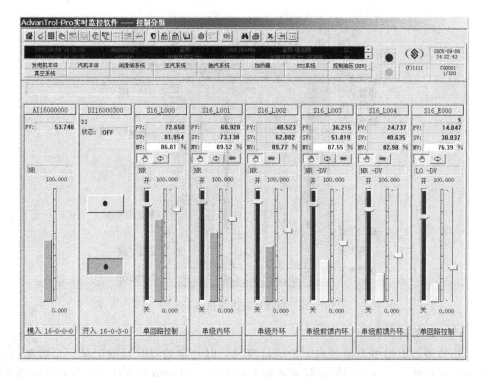

图 6-13 控制分组画面

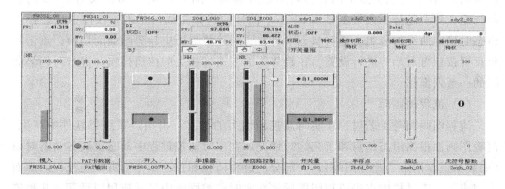

图 6-14 内部仪表示意图

当控制回路为串级、串级前馈、串级变比值等涉及两个或两个以上回路时，则组态软件给每一回路定义了一个名称。当然在控制分组画面中可以将这样的回路位号组织在一起显示（也可以不在一起），使回路仪表具有一些特点。例如，串级控制中如果将内环或外环仪表置为串级，则相应的外环或内环仪表的按钮状态也将自动变为串级状态；如果内环处于开环状态，则内/外环都不能置为串级状态；当串级内环处于自动状态或串级状态时，外环的控制输出将和内环的给定值保持相同，图 6-15 为串级回路内部仪表示意图。

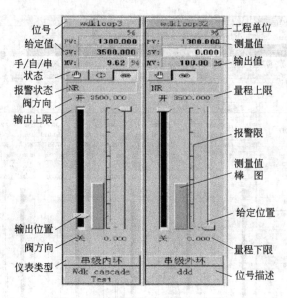

图 6-15　串级回路内部仪表示意图

（5）趋势画面

趋势画面根据组态信息和工艺运行情况，以一定的时间间隔记录一个数据点，动态更新趋势图，并显示时间轴所在时刻的数据（时间轴不会自动随着曲线的移动而移动）。在工具栏中点击图标将显示趋势画面，图 6-16 为布局方式为 2×2 的趋势画面。每页趋势画面最多显示 8×4 个位号的趋势曲线，在组态软件中进行操作组态时确定曲线的分组。运行状态下可在实时趋势与历史趋势画面间切换。点击趋势设置按钮可对趋势进行设置。在趋势画面上通过相关的按钮操作，进行对趋势曲线的一系列操作。

（6）流程图画面

流程图画面是工艺过程在实时监控画面上的仿真，由用户在组态软件中产生。流程图画面根据组态信息和工艺运行情况，在实时监控过程中动态更新各动态对象（如数据点、图形、趋势图等），大部分的过程监视和控制操作都可以在流程图画面上完成。在工具栏中点击流程图图标将在实时监控画面中显示流程图画面，几种流程图画面如图 6-17～图 6-19 所示。

流程图画面可以显示静态图形和动态数据、开关量、命令按钮、趋势图、动态液位以及图形的移动、旋转、显示/隐藏、闪烁、渐变换色、缩放、比例填充等动态特性。单击流程图画面上的动态参数和开关图形，可以弹出该信号点相应的内部仪表，如图 6-20 所示。

（7）弹出式流程图

与流程图类似，主要区别在于：弹出式流程图以对话框的形式显示，可移动（不可改变大小），当点击监控其他画面时不会被自动关闭，如图 6-21 所示。

92

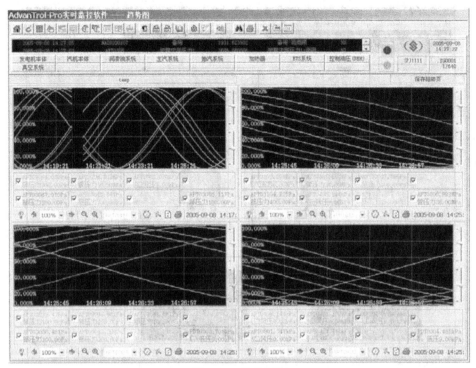

图 6-16　趋势画面

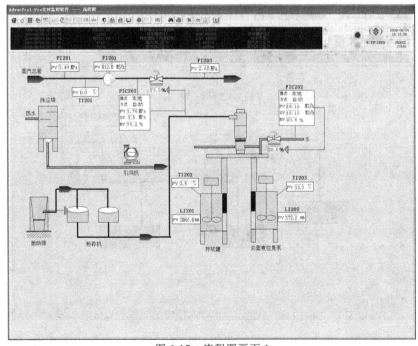

图 6-17　流程图画面 1

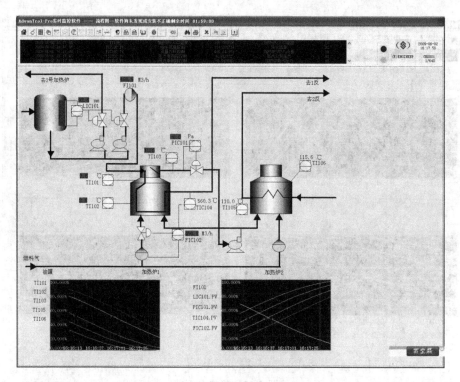

图 6-18　流程图画面 2

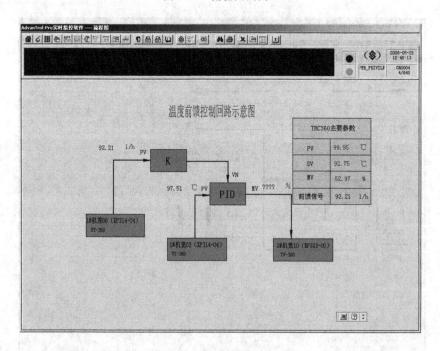

图 6-19　流程图画面 3

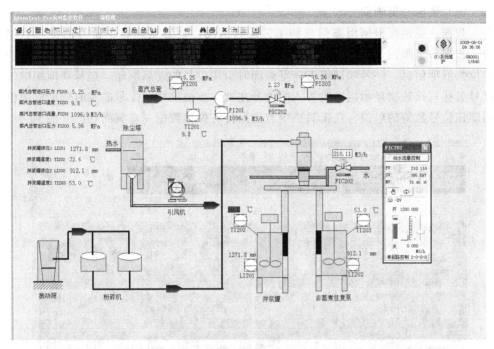

图 6-20 在流程图画面中显示内部仪表

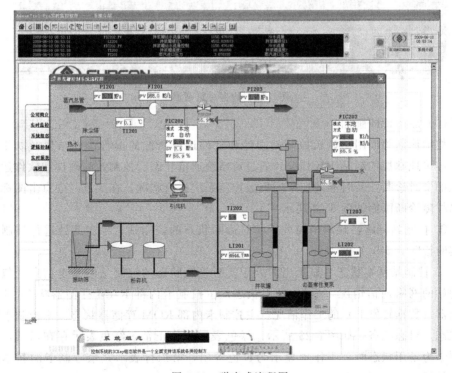

图 6-21 弹出式流程图

（8）数据一览画面

数据一览画面根据组态信息和工艺运行情况，动态更新每个位号的实时数据值。数据一览画面最多可以显示 32 个位号信息，包括序号、位号、描述、数值和单位共五项信息。序号项即组态一览画面时引用位号的先后顺序；位号项即相应的位号名称；描述项显示组态时写入的位号注释；数值项显示位号的实时数据；单位项即该位号数值的单位。在工具栏中点击图标将弹出数据一览画面如图 6-22 所示。

图 6-22　数据一览画面

（9）故障诊断画面

故障诊断画面用于显示控制站硬件和软件运行情况的远程诊断结果，以便及时、准确地掌握控制站运行状况。通过对系统通信状态、控制站的硬件和软件运行情况的实时诊断，及时准确地掌握集散控制系统运行状况。在工具栏中点击图标将弹出故障诊断画面如图 6-23 所示。

① 控制站标题：显示当前处于实时诊断状态的控制站，单击此处进行控制站的实时诊断，如图 6-24 所示。

② 控制站基本状态：显示当前处于实时诊断状态的控制站的基本信息，包括控制站的网络通信情况，工作/备用状态，主控制卡内部 RAM 存储器状态，I/O 控制器（数据转发卡）的工作情况，主控制卡内部 ROM 存储器状态，主控制卡时间状态，组态状态。如图 6-25 所示，绿色表示工作正常，红色表示存在错误，主控制卡为备用状态时，工作项显示为黄色备用。第二行表示冗余控制卡的基本信息，如组态未组冗余卡件，则该行为空。

96

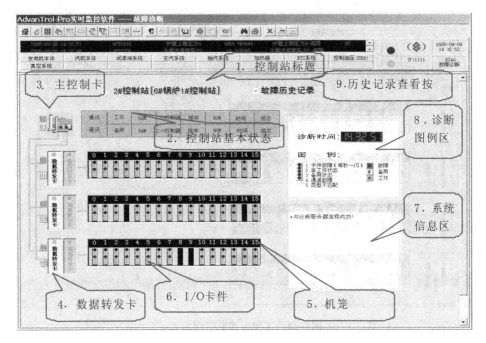

图 6-23 故障诊断画面

图 6-24 控制站实时诊断选择

通信	工作	RAM	IO	控制器	程序	ROM	时间	组态
通信	工作	RAM	IO	控制器	程序	ROM	时间	组态

图 6-25 控制站基本状态信息区

③ 主控制卡：直观显示当前控制站中主控制卡的工作情况，控制卡左边标有该控制卡的 IP 号，绿色表示该控制卡当前正常工作，黄色表示该控制卡当前备用状态，红色表示该控制卡故障。单卡表示控制站为单主控制卡，双卡表示控制站为冗余控制卡。用户可以通过双击查看控制站的明细信息，如图 6-26 所示。

④ 数据转发卡：直观显示当前控制站每个机笼中的数据转发卡工作状态。如图 6-27 所示，左侧显示数据转发卡编号，绿色表示工作状态，黄色表示备用状态，红色表示出现故障无法正常工作。非冗余卡显示为单卡，冗余卡显示为双卡。

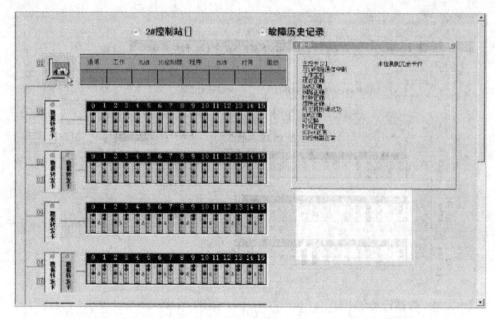

图 6-26　主控卡诊断明细信息

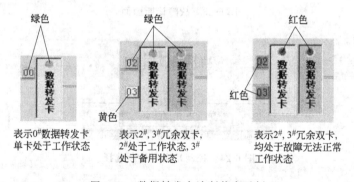

图 6-27　数据转发卡诊断状态示例

双击数据转发卡可以获得该组卡件的明细信息。图 6-28 表示 02# 数据转发卡内部运行正常，并且处于工作状态，03# 数据转发卡内部运行正常，处于备用状态，它的 SBUS 通信端口出现故障。

⑤ I/O 卡件：显示机笼上标有 I/O 卡件在机笼中的编号（0# ～15#），其中"&"号表示互为冗余的两块 I/O 卡件，图 6-29 表示该机笼有 8 对冗余 I/O 卡件。每个 I/O 卡件有五个指示灯，从上自下依次表示：运行状态（红色闪烁表示卡件运行故障）、工作状态（亮起表示卡件正处于工作状态）、备用状态（亮起表示卡件正处于备用状态）、通道状况（亮起则表示通道正常，暗表示通道出现故障）、类型匹配（亮起表示卡件类型和组态一致，暗则表示卡件类型不匹配），五个指示灯全暗表示卡件数据通信中断。双击 I/O 卡件可以获取卡件的明细信息，如图 6-30 所示。

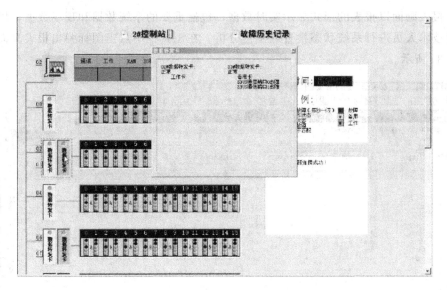

图 6-28　数据转发卡诊断明细信息

图 6-29　I/O 卡件冗余状况

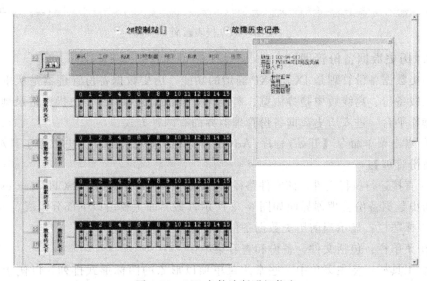

图 6-30　I/O 卡件诊断明细信息

⑥ 其他包括系统消息区、诊断图例区和故障历史记录查看。

（10）报表画面

报表画面以报表的形式显示实时数据，包括重要的系统数据和现场数据，以供工程技术人员进行系统状态检查或工艺分析。在工具栏中点击图标弹出报表画面如图 6-31 所示。

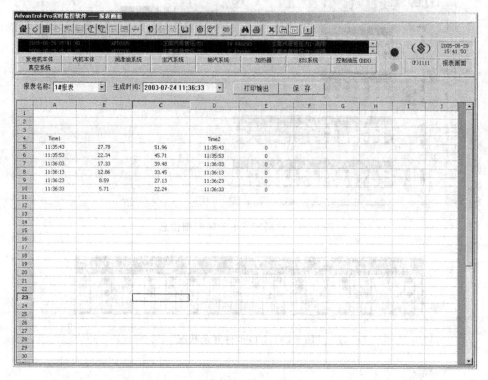

图 6-31　报表画面

6.2.3　历史数据备份管理

历史数据备份管理是 JX-300XP 新增的功能，历史数据备份管理器是从事历史数据离线备份、离线历史趋势浏览、离线历史报警浏览和离线历史操作记录浏览的专用操作平台。进入历史数据备份管理器界面有两种方式。

① 点击菜单命令【开始/程序/AdvanTrol-Pro（V2.50）/历史数据工具/历史数据备份管理】。

② 直接运行执行文件，该文件路径为：C：\AdvanTrol-Pro\SCHistory.exe。

历史数据备份管理器界面如图 6-32 所示，该界面主要由以下部分组成。

① 标题栏：显示当前历史数据备份文件名。

② 菜单栏：包括文件、备份和查看菜单。

③ 工具栏：将主菜单中一些常用菜单项以形象的图标形式排列，以便于用户操作。

④ 状态栏：显示当前的操作信息以及一些提示信息。选择菜单命令时，显示该命令的含义。

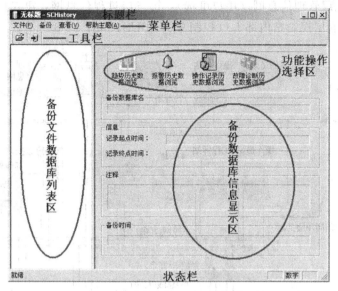

图 6-32　历史数据备份管理器界面

⑤ 备份文件数据库列表区：显示同一备份文件所有数据库信息，供操作人员选择数据库。

⑥ 备份数据库信息显示区：显示选中备份数据库的相关信息。

⑦ 功能操作选择区：显示可执行的功能操作。

总之，历史数据备份是用户根据实际需要，将指定范围（一般指时间）的历史数据文件拷贝到指定的存储器中。该操作允许大数据量的操作。备份模块的备份是文件级的，备份模块在备份过程中，会设置一个备份环境，该环境中，会对需要备份的文件进行一个保护，而该文件的保护，优先级低于记录的优先级，该保护只是保护在备份的过程中，文件不被删除。该备份模块在收到备份的指令后，根据备份条件（时间条件），确定文件范围，然后根据备份类型，进行对应操作。在实际应用中，很多历史数据（如趋势、报警、故障诊断、操作记录等）需要在监控以外的环境中进行察看统计，这就必须有备份的机制和离线察看的机制。历史数据离线备份操作是在离线历史数据备份管理器界面中完成的。

JX-300XP 系统除了增加历史数据备份管理功能外，新增加的功能还包括趋势历史数据浏览、报警历史数据浏览、操作记录历史数据浏览等，可查阅相关技术手册。

6.3　通信网络系统

通信网络系统是 DCS 系统重要的组成部分。JX-300XP 通信网络系统采用四层

结构，即最上层管理信息网（用户可选），第三层过程信息网，第二层过程控制网
SCnetⅡ和最底层控制站内部 I/O 控制总线 SBUS。如图 6-33 所示。

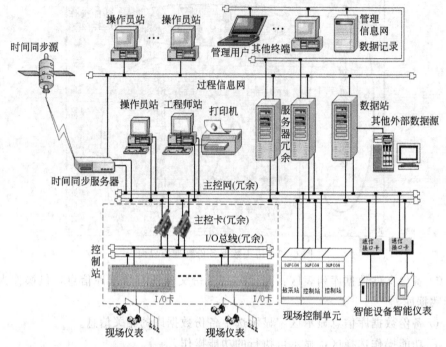

图 6-33　通信网络系统结构示意图

6.3.1　信息管理网（Ethernet）

　　信息管理网采用以太网络，用于工厂级的信息传送和管理，是实现全厂综
合管理的信息通道。该网络通过在服务器上安装双重网络接口转接的方法，实
现企业信息管理网与 SCnetⅡ过程控制网络之间的网间桥接，以获取集散控制
系统中过程参数和系统的运行信息，同时也向下传送上层管理计算机的调度指
令和生产指导信息。管理网采用大型网络数据库，实现信息共享，并可将各个
装置的控制系统连入企业信息管理网，实现工厂级的综合管理、调度、统计、
决策等。

　　信息管理网的基本特性如下。

　　① 拓扑规范：总线型（无根树）结构或星型结构。

　　② 传输方式：曼彻斯特编码方式。

　　③ 通信控制：符合 IEEE802.3 标准协议和 TCP/IP 标准协议。

　　④ 通信速率：10Mbps、100Mbps、1Gbps 等。

　　⑤ 网上站数：最大 1024 个。

　　⑥ 通信介质：双绞线（星型连接）、光纤等。

　　⑦ 通信距离：最大 10km。

102

6.3.2 过程信息网

过程信息网是 JX-300XP 新增的通信网络，其目的是在网络策略和数据分组的基础上实现具有对等 C/S（Client/Sever）特征过程信息网的过程信息服务功能。过程信息网采用 C/S 网络模式（对应 SupView 软件包）或对等 C/S 网络模式（对应 AdvanTrol-Pro 软件包）。

6.3.3 过程控制网（SCnet Ⅱ 网）

JX-300XP 系统采用双高速冗余工业以太网 Scnet Ⅱ 作为其过程控制网络，直接和现场控制站、操作站、工程师站、通信接口单元等相连，通过挂接网桥，Scnet Ⅱ 还可以与上层的信息管理网或其他厂家设备连接。

过程控制网络 SCnet Ⅱ 是在 10Base Ethernet 基础上开发的通信网络，各节点的通信接口均采用了专用的以太网控制器，数据传输遵循 TCP/IP 和 UDP/IP 协议。根据过程控制系统的要求和以太网的负载特性，网络规模有一定的限制，基本性能指标如下。

① 拓扑规范：总线型结构，或星型结构。
② 传输方式：曼彻斯特编码方式。
③ 通信控制：符合 TCP/IP 和 IEEE802.3 标准协议。
④ 通信速率：10Mbps、100Mbps、1Gbps 等。
⑤ 节点容量：最多 63 个控制站，72 个操作站（含工程师站和多功能站）。
⑥ 通信介质：双绞线、光缆。
⑦ 通信距离：最大 10km。

SCnet Ⅱ 网络采用双重化冗余结构，如图 6-34 所示，这种冗余方式实际上是"四重冗余"，其可靠性是普通冗余方式的 4 倍。当其中任一条通信线发生故障的情况下，通信网络仍保持正常的数据传输。

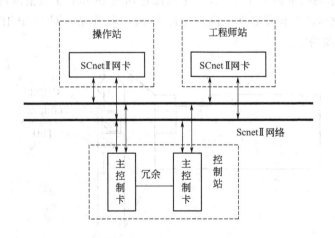

图 6-34 SCnet Ⅱ 网络双重化冗余结构示意图

103

SCnet Ⅱ的通信介质、网络控制器、驱动接口等均可冗余配置，在冗余配置的情况下，发送站点（源）对传输数据包（报文）进行时间标识，接收站点（目标）进行出错检验和信息通道故障判断、拥挤情况判断等处理。若校验结果正确，按时间顺序等方法择优获取冗余的两个数据包中的一个，而滤去重复和错误的数据包。而当某一条信息通道出现故障，另一条信息通道将负责整个系统通信任务，使通信仍然畅通。

对于数据传输，除专用控制器所具有的循环冗余校验、命令/响应超时检查、载波丢失检查、冲突检测及自动重发等功能外，应用层软件还提供路由控制、流量控制、差错控制、自动重发（对于物理层无法检测的数据丢失）、报文传输时间顺序检查等功能，保证了网络的响应特性，使响应时间小于1s。

在保证高速可靠传输过程数据的基础上，SCnet Ⅱ还具有完善的在线实时诊断、查错、纠错等手段。系统配有SCnet Ⅱ网络诊断软件，内容覆盖了网络上每一个站点（操作站、数据服务器、工程师站、控制站、数据采集站等）、每个冗余端口（0#和1#）、每个部件（HUB、网络控制器、传输介质等），网络各组成部分经诊断后的故障状态被实时显示在操作站上以提醒用户及时维护。

（1）SCnet Ⅱ网络组件

SCnet Ⅱ网络组件主要指主控制卡、操作站网卡和交换机。

现场控制站作为SCnet Ⅱ的节点，主控制卡承担着网络通信功能。有关主控制卡硬件和相关说明已在前一章中介绍，此处不再赘述。

操作站网卡是采用带内置式10BaseT收发器（提供RJ45接口）的以太网接口。它既是SCnet Ⅱ通信网与上位操作站的通信接口，又是SCnet Ⅱ网的节点（两块互为冗余的网卡为一个节点），完成操作站与SCnet Ⅱ通信网的连接。图6-35为操作站网卡的结构示意图。网络中最多72个操作站，对TCP/IP协议地址采用表6-4的系统约定。

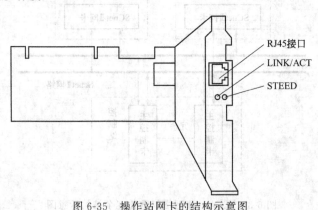

图 6-35 操作站网卡的结构示意图

表 6-4　SCnet Ⅱ 操作站地址约定

类　　别	地址范围		备　　注
	网络码	IP 地址	
操作站地址	128.128.1	129～200	每个操作站包括两块互为冗余的网卡。两块网卡享用同一个 IP 地址,但应设置不同的网络码
	128.128.2	129～200	

注:表中的网络码 128.128.1 和 128.128.2 代表两个互为冗余的网络。在操作站中表现为两块网卡,每块网卡所代表的网络号由 IP 地址设置决定。

交换机(Switch)与传统的 HUB(共享型 HUB)相比采用不同的工作方式。传统的集线器工作是一种广播模式,也就是说集线器的某个端口工作的时候,其他所有端口都能够收听到信息,容易产生广播风暴,并且每一个时刻只有一个端口发送数据。而交换机工作的时候,只有发出请求的端口和目的端口之间相互响应而不影响其他端口,因此交换机能够隔离冲突域和有效地抑制广播风暴的产生,给整个网络的通信提供更大的带宽。另外,当前很多交换机上也集成有光电扩展模块,为方便应用光纤进行通信网络的搭建提供了方便。

(2)几种典型的 SCnet Ⅱ 网络结构

当节点处于同一幢楼中,且节点间距离≤100m 时,采用双绞线作为引出电缆,对应的网卡具有 RJ45 接口即可,则网络连接结构如图 6-36 所示。

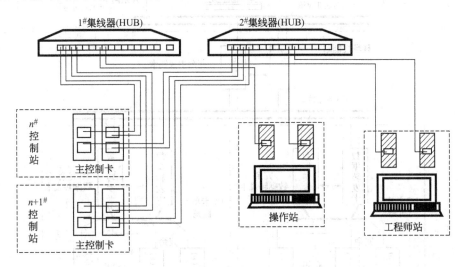

图 6-36　双绞线网络连接示意图

当节点距离≥100m 时,可以采用光缆方案,实现 SBUS 信号和 Scnet Ⅱ 以太网信号的远传。光缆节点可以分为末端站点和中间站点,如图 6-37 所示,1 和 4 为末端站点,2 和 3 为中间站点。

以图 6-37 的 4 芯光缆(冗余)为例,了解光缆的配置情况。

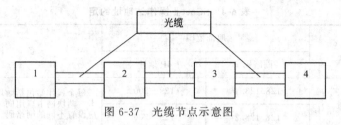

图 6-37　光缆节点示意图

① 末端站点，传送 SCnet Ⅱ以太网信号，这时应该在该站点配置 1 个光纤接续盒（光纤接入）。光纤接续盒中应有 1 个盘线盘、4 个法兰盘、4 根光纤尾纤。另外，需配置 4 根光纤跳线和 2 个 Switch（含单口光纤扩展模块）。

② 中间站点，传送 SCnet Ⅱ以太网信号，这时应该在该站点配置 1 个光纤接续盒（光纤接入）。光纤接续盒中应有 1 个盘线盘、8 个法兰盘、8 根光纤尾纤。另外，需配置 8 根光纤跳线和 2 个 Switch（含双口光纤扩展模块）。

6.3.4　SBUS 总线

SBUS 总线是控制站内部 I/O 控制总线，主控制卡、数据转发卡、I/O 卡通过 SBUS 进行信息交换。图 6-38 为现场控制站 SBUS 总线结构示意图。

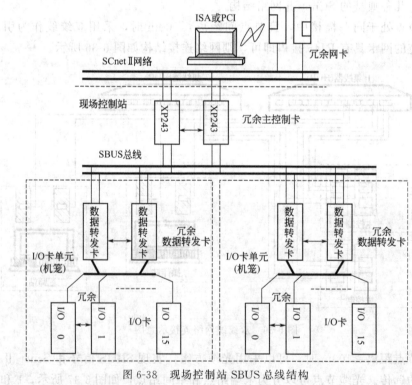

图 6-38　现场控制站 SBUS 总线结构

SBUS 总线分为两层，即为双重化总线 SBUS-S2 和 SBUS-S1 网络。

SBUS-S2 总线是系统的现场总线，物理上位于控制站所管辖的 I/O 机笼之间，连接了主控制卡和数据转发卡，用于主控制卡与数据转发卡间的信息交换。SBUS-S2 总线是主从结构网络，作为从机的数据转发卡需分配地址。

SBUS-S2 总线的主要性能指标如下。

① 用途：主控制卡与数据转发卡之间进行信息交换的通道。

② 电气标准：EIA 的 RS-485 标准。

③ 通信介质：特性阻抗为 120Ω 的八芯屏蔽双绞线。

④ 拓扑规范：总线型结构，节点可组态。

⑤ 传输方式：二进制码。

⑥ 通信协议：采用主控制卡指挥式令牌的存储转发通信协议。

⑦ 通信速率：1Mbps（Max）。

⑧ 节点数目：最多可带载 16 块（8 对）数据转发卡。

⑨ 通信距离：最远 1.2km（使用中继情况下）。

⑩ 冗余度：1：1 热冗余。

SBUS-S1 网络在物理上位于各 I/O 机笼内，连接了数据转发卡和各块 I/O 卡件，用于数据转发卡与各块 I/O 卡件间的信息交换。SBUS-S1 网络是主从结构网络，作为从机的 I/O 卡需分配地址。SBUS-S1 网络的主要性能指标如下。

① 通信控制：采用数据转发卡指挥式的存储转发通信协议。

② 传输速率：156Kbps。

③ 电气标准：TTL 标准。

④ 通信介质：印刷电路板连线。

⑤ 网上节点数目：最多可带载 16 块智能 I/O 卡件。

⑥ SBUS-S1 属于系统内局部总线，采用非冗余的循环寻址（I/O 卡件）方式。

SBUS-S1 和 SBUS-S2 合起来称为 SBUS 总线，主控制卡通过它们来管理分散于各个机笼内的 I/O 卡件。SBUS-S2 级和 SBUS-S1 级之间为数据存储转发关系，按 SBUS 总线的 S2 级和 S1 级进行分层寻址。

6.3.5 通信网络设备

（1）电气中继器（XP022）

中继器是数据通信中的重要组成部分，在某些场合下，现场应用所要求的传输距离往往超过了无中继时数据通信传输的极限距离。数据在传输过程中，信号会发生衰减和畸变，当信号衰减畸变到远端通信接口器件无法分辨的程度时，通信就会不正常或失败。解决方法就是在传输的极限距离前加一级中继器。通过中继器使已经衰减的信号得到整形放大后再重新输出，以达到增加传输距离的目的。

电气中继器（XP022）用于 I/O 总线层，用 D 型导轨安装于机柜中。当然 XP022 具有隔离功能和中继功能。

① 当 XP022 只用作隔离功能使用时，如图 6-39 所示。

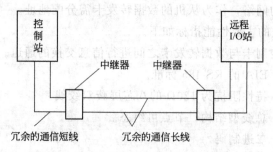

图 6-39 中继器隔离功能连接示意图

② 当 XP022 用作中继功能使用时，如图 6-40 所示。

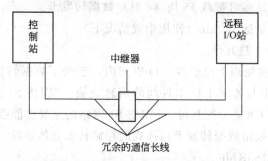

图 6-40 中继器中继功能的连接示意图（中继器放在室外，注意防水）

③ 当 XP022 隔离和中继功能都使用时，如图 6-41 所示。

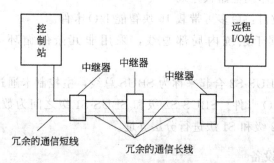

图 6-41 中继器隔离和中继功能的连接示意图

（2）多模 RS-485 光纤中继器（XP433M）

多模 RS-485 光纤中继器（XP433M）用于 SBUS 基于 RS-485 传输的电气信号和光纤信号的相互转换，并对信号进行再生和整形。具有自动探测故障和容错的功能。

多模 RS-485 光纤中继器（XP433M）可冗余工作，也可单卡配置。XP433M 插在控制系统的机笼内，当一个远程站点有多个机笼时，只需在一个机笼内安装一对或一块 XP433M。插卡位置可分为以下两种情况。

① 当该机笼内没有主控制卡时，推荐 XP433M 插在主控制卡槽位上，此时 XP433M 需要安装宽面板，需要在 SBUS 接线跳线。

② 如果主控制卡位置被占用，可将 XP433M 插在任意 I/O 槽位上，XP433M 安装窄面板。

思考题和习题 6

6-1 JX-300XP 操作站硬件包括哪些？操作站新增的 C/S 网络互联功能的目的是什么？

6-2 JX-300XP 监控画面分为 8 种，分别写出它们的名称。

6-3 写出操作站的基本监控操作的 4 种形式，其中参数设置操作又是如何操作及修改？

6-4 简述总貌画面、控制分组画面、调整画面、趋势画面的基本组成元素以及功能。

6-5 JX-300XP 系统故障诊断画面由哪几部分构成？各种相关信息的含义如何？

6-6 通信网络系统是 DCS 系统重要的组成部分，JX-300XP DCS 通信网络分为 4 层结构，分别写出它们的名称、组成和功能。

6-7 JX-300XP 的 SBUS 总线处在何位置？SBUS 总线采用层次结构，两层总线是指什么？在控制系统中的位置和功能又是如何？

7 工程师站

7.1 集散控制系统的工程师组态概述

随着集散控制系统的广泛应用，集散控制系统的工程师组态工作也由制造商转向设计院和用户来完成，即通常所说的 DCS 工程师组态。对 DCS 工程师组态工作的研究不仅仅限于对 DCS 操作画面组态的研究，而是已经深入到 DCS 的整体设计、硬软件设计以及相互间协调等。DCS 工程师组态能否被成功应用，提高控制品质以及 DCS 的应用水平，使因其故障造成的影响减小，方便监视和操作，其关键是 DCS 工程师组态设计的质量，DCS 组态设计人员的实践经验以及对 DCS 的熟练掌握水平。

7.1.1 工程师组态的基本内容

工程师组态的基本内容是指在 DCS 中，按照 DCS 厂商提供的功能部件特点、数量和性能，为完成工程需求，设计、组态、实现并确定有关硬、软件设计排列。

DCS 硬件设计排列是指 DCS 的控制站规模选择、输入/输出卡件选择、输入/输出卡件各点接线位置与外部生产过程参数位置之间的分配。DCS 软件设计排列是指 DCS 的输入/输出卡件硬软件匹配、DCS 提供的控制算法或模块的选用、模块间的 I/O 连接以及系统的调试等。

DCS 工程师组态是一项细致、周全工作，不仅要了解生产过程对控制的要求，熟悉生产过程，深刻认识各种设备和过程的生产顺序，明确生产过程和仪表的相互关系；还要熟练掌握 DCS 所提供的各个控制算法或模块功能，以及各功能模块提供的各种 I/O 参数（即软连接信号端子）的连接和相互影响，DCS 提供的顺控语言；同时要具备一定的计算机知识。只有从深度和广度上对 DCS、工艺生产过程以及控制要求有了足够清楚的认识，才能更好地完成工程师组态工作。工程师组态工作过程中需注意以下方面。

① 安全性和可靠性设计应贯穿整个工程师组态设计的过程中。

② 利用不同的 DCS 厂商提供的组态工具进行工程组态是一个较为复杂且繁琐的过程，通过搭建各种模块，构成了组态框架的基础。遵循规范化、模块化的组态设计原则以及组态技巧，提高 DCS 工程师组态的效率，使工程师组态具有良好的一致性和对称性。

③ 在进行输入/输出卡件选择、控制方案的设计过程中，合理分配输入/输出

110

信号，要为系统扩展、调试做好铺垫；同时控制模块或算法的组合一定要有扩展余地。

④ 控制模块或算法的选择要合适，充分发挥 DCS 的控制、计算、逻辑等功能。选择控制模块或算法时，一定要考虑系统负载因素，减少系统负载和节省内存空间。同时将新的控制策略应用于 DCS 中，如常规 PID 控制基础上加入智能控制；也包括突破原有应用中的一些保护逻辑、程控逻辑的设计思想。

7.1.2　工程师组态的硬件设计

工程师组态的硬件设计一定要有深度，要纵览全局。在进行 DCS 选型时，应对仪表、变送器和执行机构等部件，传输信号电缆和 DCS 输入/输出卡件有全面的考虑，从工艺的合理性、投资的经济性、运行的可靠性、维修的方便性等进行综合分析。如用一体化温度变送器检测过程的温度，采用标准电流信号传送，可以使电缆芯数减少或不采用补偿导线，在温度检测精度较高时选用；在温度检测点数较多、温度检测元件的类型相同时，采用 DCS 的温度处理卡件（如热电偶或热电阻测温输入卡件），节省较多的变送器投资费用。因此，仪表和执行机构选型不同，对 DCS 的硬件选型和控制组态也有不同的影响。实践证明，在进行 DCS 组态的硬件设计时，应注意以下方面。

（1）确定控制和联锁的关系，选择合适的设备

生产装置从安全角度讲，可分为三个层次，如图 7-1 所示。第一层为生产过程层；第二层为过程控制层（过程控制＋超限报警）；第三层为联锁停车保护层。DCS 工程师组态在最初的工程设计、设备选型及安装阶段，都要对过程和设备的安全性进行全面考虑。

生产装置本身是安全的第一道防线；控制系统对生产的连续控制和过程报警系统是

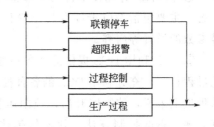

图 7-1　生产装置的安全层次

安全的第二道防线；在过程控制之上设置一套紧急联锁停车系统，最大限度地保护设备和人身安全是最后一道安全防线。因此，在 DCS 用户组态时，首先要确定 DCS 实现控制和联锁系统的形式。目前常见的基本形式：①控制、联锁一体化式；②控制、联锁通信网络式；③DCS＋PLC；④DCS＋ESD。

（2）硬件故障造成的影响应尽可能小

在工程师组态硬件设计时，可靠性设计应贯穿全过程。由于在系统的实际应用中不可能也不允许对 DCS 的硬件都采用冗余设计，为此，应考虑硬件的某些部件一旦发生故障时，它对生产过程的影响是否是最小的。在 DCS 的硬件组态设计时，考虑到独立性问题应把各组的联锁信号分别连接到各自的输入/输出卡件上，这样，一旦某个输入/输出卡件出现故障，仅对相应的组有影响，对其他组的联锁不造成

影响。

（3）合适的输入和输出信号配合，能有效地减小输入/输出部件故障的影响

DCS 的设计思想之一是控制分散，合适的输入和输出信号的配合可以使负荷分散。例如，将所有信号按照实际变化率和重要性分配为不同的采样周期，在设计时将不同采样周期的信号合理地组态在一起，使输入/输出卡件的微处理单元负荷均匀，减少硬件因负载过大而发生故障。又如，采用单回路或多回路控制时，为了减少通信的吞吐量，应把有关控制回路的输入/输出信号连接在同一输入/输出卡件上，以减小因通信造成的负荷量。当采用数据库共享时，为了减小某一部件故障的影响，可采用对每个回路都分配一个输入或输出信号。此外，选择输入/输出卡件，还应多考虑卡件的隔离性能、带负载能力、冗余能力及卡件的在线插拔能力等问题。总之实际应用时应权衡利弊，合适配置。

（4）方便安装和维护

在设计过程中，诸多因素将影响系统的安装和系统投运后的日常维护。

7.1.3 工程师组态的软件设计

工程师组态的软件设计主要是在硬件设计的基础上进行输入/输出卡件组态、控制功能组态、操作画面组态和报表等其他功能的组态，在进行 DCS 的软件组态时应注意以下方面。

① 根据输入/输出卡件的 I/O 点分配，合理进行输入/输出卡件的软硬件匹配组态，主要包括 I/O 卡件安装位置和 I/O 信号点的安装位置软硬件匹配、各种信号参数的设置等内容。

② 充分利用 DCS 提供的各种控制算法或模块，提高控制质量。针对不同的工艺过程特点，充分利用 DCS 的各种控制算法或模块，是提高设计水平的重要方法。从理论上来说，控制度升高，控制质量会下降。因此，在 DCS 中应利用计算机运算方便、离散控制算法、软连接等优点，提高使用 DCS 后的控制质量。如利用 DCS 的微分先行、积分分离、自整定等控制算法，使控制质量提高。

③ 采取前馈反馈控制策略。当干扰影响很大时，将干扰量引入 DCS，通过采用前馈反馈控制策略，有利于克服干扰的影响，提高控制质量。采用静态前馈或者动态前馈就能大大改善控制品质，前馈放大系数也可在线实施设置。

④ 采用按计算指标进行控制的控制系统。利用 DCS，为按计算指标进行控制提供了有效的运算工具。在 DCS 组态的软件设计时应对其予以考虑，提高控制品质。

⑤ 采用纯滞后补偿控制系统。DCS 方便实施纯滞后补偿控制系统，在 DCS 控制组态的软件设计时，应根据对象的纯滞后大小设计相应的控制系统。例如，在随动控制系统中采用史密斯控制方案。对定值控制系统，采用观测补偿器控制方案等。

⑥ 逻辑开关控制与常规 PID 控制相结合。在 DCS 中，通过逻辑开关控制与常规 PID 控制结合，形成复杂控制系统以适应不同工况下的控制要求。此外，逻辑开关控制与常规 PID 控制的结合也可在设备的启停过程中实施，当设备一旦运行就能迅速地进入正常的运行工况，提高自动化水平，改善控制品质。

⑦ 有条件时，可采用 DCS 所提供的高级控制算法。随着现代控制理论的研究和深入，把现代控制理论的研究成果应用到 DCS 的控制中是其控制组态设计的一项重要的工作。基于模型的预测控制算法已有应用，模糊控制算法和自适应控制算法要求和实际的操作水平相适应。在设计选型时，结合操作人员的技能条件，有条件地采用高级算法，充分发挥 DCS 的优点。

⑧ 优化设计减少内存和运算时间；留有余地，便于在线调试、修改和扩展。优化设计是在 DCS 软件设计中非常关键的一步。由于工期限制，加上用户经验较少，使 DCS 工程师组态过程中常会出现类似"搭积木"的方式进行软件组态，造成方案庞大，系统负载较大。因此，在组态的后期要进行优化设计，选择更加合适的模块或算法，做到方案精简，功能齐全，从而减少内存和运算时间，降低系统负载。

⑨ DCS 的监控画面组态设计充分考虑操作的方便，减少失误。DCS 的监控画面组态设计主要包括过程流程图、过程控制图画面的设计、绘制、动态数据更新及动态调用。画面组态设计应尽量便于操作，使用户在经过尽可能少的培训后，就能掌握图形绘制的方法，特别是在采用窗口技术的 DCS 系统中。过程流程图画面的设计与工艺流程有关，工艺流程图一般较大，在设计过程流程图的过程中，根据工艺流程图的分散特点，利用若干个画面来代替整个工艺流程图，同时为提高画面质量，还可以用不同颜色提高画面的动态效果。

7.2 工程师站的工程师组态

工程师组态是在工程师站上实现控制系统设定各项软硬件参数的过程，一旦系统安装了系统组态软件，则操作站/工作站就变为工程师站。集散控制系统的通用性和复杂性，以及集散控制系统丰富的 I/O 卡件、各种控制模块及多种操作平台，使系统的许多功能及匹配参数需要根据具体场合而设定和组态形成。例如，系统由多少个控制站和操作站构成，系统采集信号如何，采用何种控制方案，操作时需如何显示各种实时数据以及其他各类操作定义等。此外，在工程师组态时还需根据系统的要求选择硬件设备，当与其他系统进行数据通信时，需要提供系统所采用的协议和使用的端口。

7.2.1 工程师组态的操作环境

JX-300XP 的工程师组态的操作环境有两种类型：目标系统下的工程师组态和

非目标系统下的工程师组态。

（1）目标系统下的工程师组态

直接利用安装在操作站上的系统组态软件，在线进行目标现场控制站和操作站的组态。一旦更新工程项目即增加现场控制站或对现有控制站的某些项目进行重新组态，则组态完毕需要对现场控制站进行编译、下载和保存。图7-2为同一操作站上进行工程师组态和操作监视功能示意图，这时工程师功能和操作监视功能在同一个操作站上，并且通过桌面上的"系统组态"和"实时监控"的快捷启动键进行画面切换。

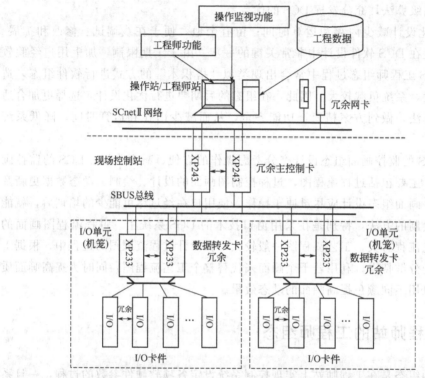

图7-2　在同一操作站上进行工程师组态和操作监视功能示意图

（2）非目标系统下的工程师组态

① 通过SCnet Ⅱ并存的工程师组态。利用安装有系统组态软件的PC机进行工程师组态，然后再通过SCnet Ⅱ网络与操作站进行工程组态数据的交换，但操作站只有操作监视功能，图7-3为由指定的PC机进行工程师组态的示意图。

② 共存的工程师功能。直接利用Windows共享特点，通过过程信息网分享工程数据，如图7-4所示为同一网络共存的工程师组态示意图。

当然也可以通过未上网的计算机，由保存在该计算机内的系统组态软件实现工程师组态，再将组态好的工程组态数据存入磁盘，由磁盘将数据拷贝到操作站，图7-5所示为并用工程数据的工程师组态示意图。

114

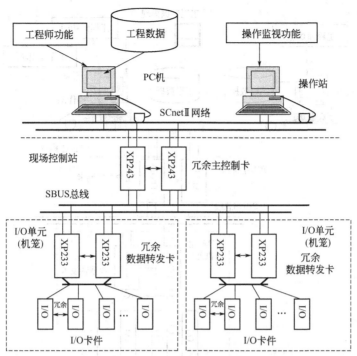

图 7-3　由指定的 PC 进行工程师组态的示意图

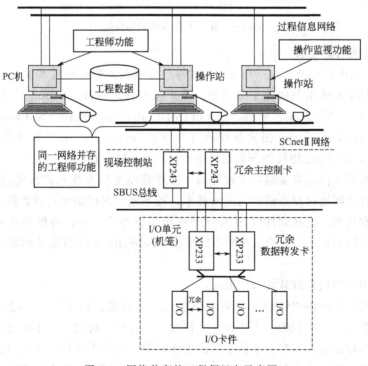

图 7-4　网络共存的工程师组态示意图

115

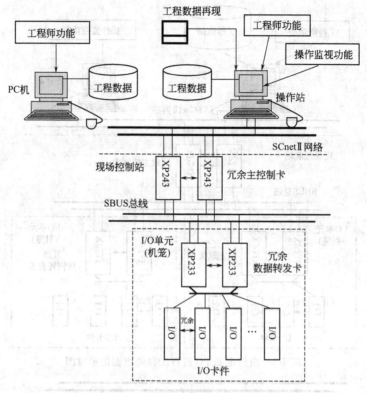

图 7-5　并用工程数据的示意图

7.2.2　系统组态软件

JX-300XP 系统的 AdvanTrol-Pro 软件包分成系统监控软件和系统组态软件两大部分，其中系统组态软件主要包括：用户授权管理软件（SCReg）、系统组态软件（SCKey）、图形化编程软件（SCControl）、语言编程软件（SCLang）、流程图制作软件（SCDrawEx）、报表制作软件（SCFormEx）、二次计算组态软件（SC-Task）以及 ModBus 协议外部数据组态软件（AdvMBLink）等。

系统组态软件通常安装在工程师站，工程师站可以在线和离线进行组态工作。各功能软件之间通过对象链接与嵌入技术，动态地实现模块间各种数据、信息的通信、控制和管理。这些软件以 SCKey 系统组态软件为核心，各模块彼此配合，相互协调，共同构成了一个全面支持 SUPCONWebFeild 系统结构及功能组态的软件平台。

（1）用户授权管理软件（SCReg）

通过该软件将用户级别共分为十个层次：观察员、操作员－、操作员、操作员＋、工程师－、工程师、工程师＋、特权－、特权、特权＋。不同级别的用户拥有不同的授权设置，即拥有不同范围的操作权限。对每个用户也可专门指定（或删除）其某种授权。用户授权管理软件的用户授权操作界面如图 7-6 所示。

116

图 7-6　用户授权操作界面

（2）系统组态软件（SCKey）

SCKey 组态软件主要是完成 DCS 的工程师组态工作，该软件用户界面友好，操作方便，充分支持各种控制方案。同时 SCKey 组态软件通过简明的下拉菜单和弹出式对话框建立友好的人机交互界面，并采用分类的树状结构管理组态信息，使用户能够清晰把握系统的组态状况。另外，SCKey 组态软件还提供了强大的在线帮助功能。

（3）图形化编程软件（SCControl）

图形化编程软件（SCControl）是 SUPCON WebField 系列控制系统用于编制系统控制方案的图形编程工具。按 IEC61131-3 标准设计，为用户提供高效的图形编程环境。图形化编程软件集成了 LD 编辑器、FBD 编辑器、SFC 编辑器、ST 语言编辑器、数据类型编辑器、变量编辑器。该软件编程方便、直观，具有强大的在线帮助和在线调试功能，用户可以利用该软件编写图形化程序实现所设计的控制算法。在系统组态软件（SCKey）中使用自定义控制算法设置可以调用该软件。图形化编程软件界面如图 7-7 所示。

（4）语言编程软件（SCLang）

语言编程软件（SCLang）又叫 SCX 语言，是 SUPCONWebField 系列控制系统的控制站专用编程语言。在工程师站完成 SCX 语言程序的调试编辑，并通过工程师站将编译后的可执行代码下载到控制站执行。SCX 语言属高级语言，语法风

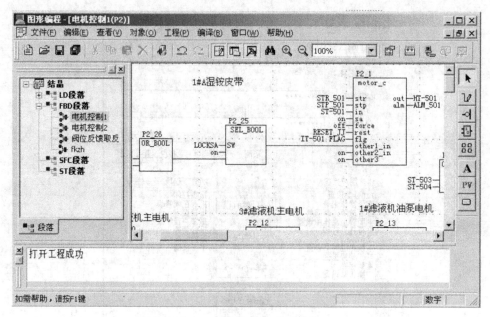

图 7-7 图形化编程软件界面

格类似标准 C 语言，除了提供类似 C 语言的基本元素、表达式等外，还在控制功能实现方面做了大量扩充。用户可以利用该软件灵活强大的编辑环境，编写程序实现所设计的控制算法。

SCX 语言软件是一个运行在中文 Windows2000 操作系统下的应用软件，有良好的用户界面，用户可以非常方便地在 SCX 语言软件中编写程序，检查语法错误。SCX 语言软件和 SUPCON WebField 控制系统的其他软件紧密集成，可以和组态软件交换信息。SCX 语言编程软件界面如图 7-8 所示。

（5）二次计算组态软件（SCTask）

二次计算组态软件（SCTask）是 AdvanTrol-Pro 软件包的重要组成部分之一，用于组态上位机位号、事件、任务，建立数据分组分区，历史趋势和报警文件设置，光字牌设置，网络策略设置，数据提取设置等。其目的 SUPCON WebField 系列控制系统中实现二次计算功能、提供更丰富的报警内容、支持数据的输入输出、数据组与操作小组绑定等。把控制站的一部分任务由上位机来做，既提高了控制站的工作速度和效率，又可提高系统的稳定性。SCTask 具有严谨的定义、强大的表达式分析功能和人性化的操作界面。二次计算组态软件工作界面如图 7-9 所示。

（6）流程图制作软件（SCDrawEx）

流程图制作软件（SCDrawEx）是 SUPCON WebField 系列控制系统软件包的重要组成部分之一，是一个具有良好用户界面的流程图制作软件。

流程图制作软件以中文 Windows2000 操作系统为平台，为用户提供了一个功能完备且简便易用的流程图制作环境。SCDrawEx 流程图制作软件具有以下特点。

118

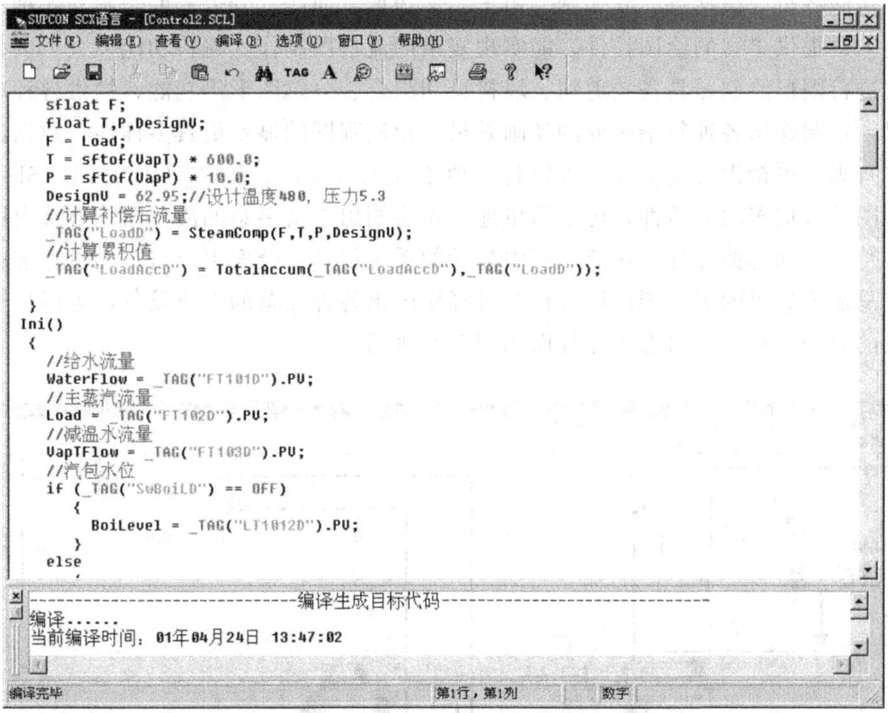

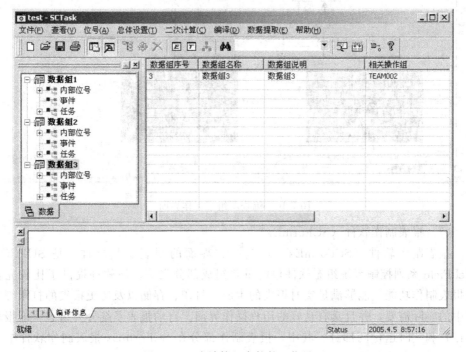

图 7-8　SCX 语言编程软件界面

图 7-9　二次计算组态软件工作界面

绘图功能齐全，包括点、线、圆、矩形、多边形、曲线、管道等的绘制和各种字符的输入；提供丰富的绘图控件，能实现复杂的流程图制作。编辑功能强大，以矢量方式进行图形绘制，具备块剪切、块拷贝和组合、分解图形等功能；提供各种动态效果，可制作出各种复杂多变的动画效果，使流程图的显示更具多样性；数据流程也更直观，更接近现场情况；可以自由地添加引入位图、ICO、GIF、FLASH等，使制图具有更多的灵活性，可以简单地操作绘制出丰富多彩的流程图；直接内嵌专用报警控件和趋势控件，在流程图中显示的系统信息更全面更丰富；提供标准图形库，只需要简单的引入图形库模板即可轻松画出各种复杂的工业设备，为用户节省大量的时间。流程图组态工作界面如图7-10所示。

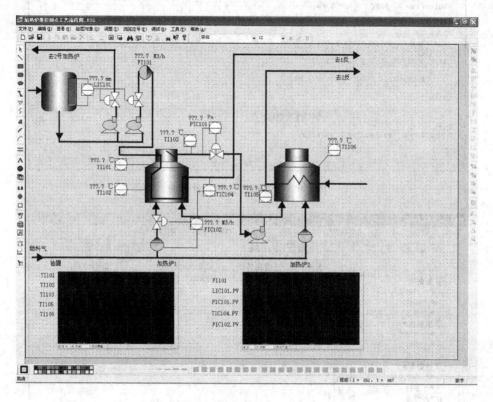

图7-10　流程图组态工作界面

（7）报表制作软件（SCFormEx）

报表制作软件（SCFormEx）是全中文界面的制表工具软件，是SUPCON WebField系列控制系统组态软件包的重要组成部分之一。该软件提供了比较完备的报表制作功能，能够满足实时报表的生成、打印、存储以及历史报表的打印等工程中的实际需要，并且具有良好的用户操作界面。自动报表系统分为组态（即报表制作）和实时运行两部分。其中，报表制作部分在SCFormEx报表制作软件中实现，实时运行部分与AdvanTrol监控软件集成在一起。同时在报表数据组态功能的设计中引入了事件的概念，根据需要将事件表达式定义成报表数据记录和报表输出的相关条件，实现报表的条件记录与条件输出，增强 SCFormEx 软件的灵活性和易用性，能够很好地满足用户对工业报表的各种要求，实现现代化工业生产中的各类工业实时报表。SCFormEx 报表制作软件支持与当今通用的商用报表 Excel 报表数据的相互引用。报表组态界面如图 7-11 所示。

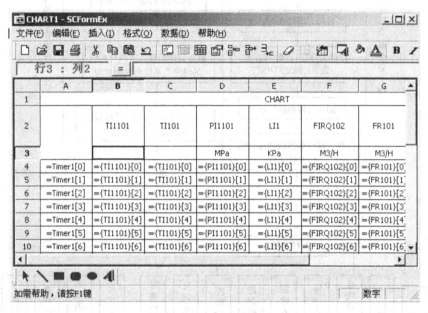

图 7-11　报表组态界面

7.2.3　工程师组态工作流程

在进行集散控制系统的工程师组态时，首先必须完成整个工程项目的可行性报告、工程项目的计划书、框架设计以及详细设计等内容；其次在上述内容论证后进行集散控制系统的现场控制站、操作站/工程师站的硬件配置、现场控制站的类型选定、根据 I/O 点数据类型选择 I/O 卡件、确定控制方案（常规控制、顺序控制和单元监视等）以及各种操作监视画面的种类和数量；最后进行工程师组态的设计工作。集散控制系统的工程师组态工作流程图如图 7-12 所示。

集散控制系统的工程师组态过程是一个循序渐进、多个软件综合应用的过程，JX-300XP 系统应用 AdvanTrol-Pro 软件包的系统组态软件，完成工程师组态设计工作。图 7-13 为 JX-300XP 系统的工程师组态流程框图，下面对各个步骤进行详细叙述。

① 工程设计。工程设计包括测点清单设计、常规（或复杂）控制方案设计、系统控制方案设计、流程图设计、报表设计以及相关设计文档编制等。工程设计完成以后，形成一系列技术文件，即《测点清单》、《系统配置清册》、《控制柜布置图》、《I/O 卡件布置图》、《控制方案》等。工程设计是系统组态的依据，只有在

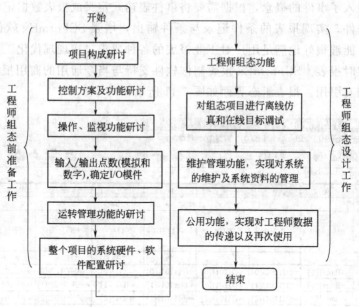

图 7-12　工程师组态工作流程图

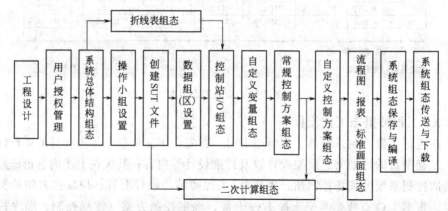

图 7-13　JX-300XP 系统的工程师组态的流程框图

完成工程设计之后，才能进行 DCS 系统组态。

②用户授权管理。用户授权管理操作主要由 ScReg 软件来完成。通过在软件中定义不同级别的用户来保证权限操作，即一定级别的用户对应一定的操作权限。每次启动系统组态软件前都要用已经授权的用户名进行登录。

③系统总体结构组态。JX-300XP 系统的工程师组态是通过 SCKey 软件来完成的。总体结构组态根据《系统配置清册》，确定现场控制站、操作站和工程师站等的规模。

④操作小组设置。对各操作站的操作小组进行设置，不同的操作小组可观察、设置、修改不同的标准画面、流程图、报表、自定义键等。操作小组的划分有利于

划分操作员职责，简化操作人员的操作，突出监控重点。

⑤ 数据组（区）设置。完成数据组（区）的建立工作，为 I/O 组态时位号的分组分区做好准备。

⑥ 自定义折线表组态。对主控制卡管理下的自定义非线性模拟量信号进行线性化处理。

⑦ 控制站 I/O 组态。根据《I/O 卡件布置图》及《测点清单》的设计要求完成 I/O 卡件及 I/O 点的组态。

⑧ 控制站自定义变量组态。根据工程设计要求，定义上下位机间交流所需要的变量及自定义控制方案中所需的回路。

⑨ 常规控制方案组态。对控制回路的输入输出为 AI 和 AO 的典型控制方案进行组态。

⑩ 自定义控制方案组态。利用 SCX 语言或图形化语言编程实现联锁及复杂控制等，实现系统的自动控制。

⑪ 二次计算组态。二次计算组态的目的是在 DCS 中实现二次计算功能、优化操作站的数据管理。二次计算组态包括：光字牌设置、网络策略设置、报警文件设置、趋势文件设置、任务设置、事件设置、提取任务设置、提取输出设置等。

⑫ 操作站标准画面组态。标准画面组态是指对系统已定义格式的标准操作画面进行组态，主要包括总貌、趋势、控制分组、数据一览等操作画面的组态。

⑬ 流程图制作。流程图制作是指绘制控制系统中最重要的监控操作界面，用于显示生产产品的工艺及被控设备对象的工作状况，并操作相关数据量。

⑭ 报表制作。编制可由计算机自动生成的报表以供工程技术人员进行系统状态检查或工艺分析。

⑮ 系统组态保存与编译。对完成的系统组态进行保存与编译。

⑯ 系统组态传送与下载。将在工程师站已编译完成的组态传送到操作员站，或是将已编译完成的组态下载到各控制站。

7.2.4 SCKey 组态软件基本操作

JX-300XP 系统采用 SCKey 组态软件完成工程师组态工作，该软件通过简明的下拉菜单和弹出式对话框建立友好的人机交互界面，并大量采用 Windows 标准控件，使操作保持一致性，易学易用，充分支持各种控制方案；同时该软件界面中设计有组态树窗口，分类的树状结构管理组态信息，使用户能够清晰地看到从控制站直至信号点的各层硬件结构及其相互关系，也可以看到操作站上各种操作画面的组织方式，清晰把握系统的组态状况；SCKey 组态软件还提供了强大的在线帮助功能，当用户在组态过程中遇到问题，只需按 F1 键或选择菜单中的帮助项，就可以随时得到帮助提示。

（1）SCKey组态软件界面总貌

启动系统组态软件 SCKey 时，需要登录。点击桌面"系统组态"图标弹出登录对话框，输入用户名和密码，点击"确定"按钮完成登录后进入系统组态选择对话框，如图 7-14 所示。从该对话框分别进行方式选择、载入组态、选择组态、新建组态和取消操作。

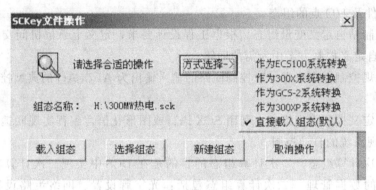

图 7-14　SCKey 文件操作对话框

① 方式选择：该组态软件可以将 ECS100 系统、JX-300X 系统、GCS-2 系统和 JX-300XP 系统组态文件转换为当前系统组态文件。

② 载入组态：打开系统组态界面，载入组态名称后面指定的组态文件。

③ 选择组态：修改组态时，选择一个已经存在的组态文件。

④ 新建组态：创建新的组态文件。点击此按钮将弹出新组态文件保存位置设置对话框，完成文件名及路径设置后，在组态名称后将显示相应的结果。

⑤ 取消操作：取消打开组态软件的操作。

载入组态文件后，将弹出系统组态界面如图 7-15 所示。SCKey 组态软件界面主要由标题栏、菜单栏、工具栏、状态栏、组态树窗口、节点信息区编译信息区组成。

① 标题栏：显示正在操作的组态文件的名称。

② 菜单栏：显示经过归纳分类后的菜单项，包括文件、编辑、总体信息、控制站、操作站、查看、位号和帮助八个菜单项，每个菜单项含有下拉式菜单。

③ 工具栏：将常用的菜单命令和功能图形化为工具图标集中为工具栏。工具栏图标基本上包括了组态的大部分操作，结合菜单和右键使用，将给用户带来很大的方便。

④ 状态栏：显示当前的操作信息。当鼠标光标置于界面中任意处时，状态栏将提示系统处于何种操作状态。

⑤ 组态树窗口：显示了当前组态的控制站、操作站、和操作小组的总体情况。

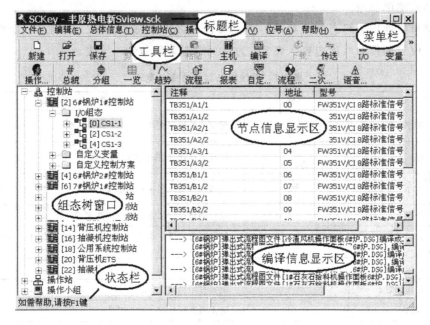

图 7-15　SCKey组态软件界面

⑥ 节点信息区：详细显示了某个节点（包括左边组态树中任意一个项目）具体信息。单击任意一个节点名称，可以在此看到与其相关的详细信息。

⑦ 编译信息区：显示了组态编译的详细信息，当错误发生时方便用户修改。

（2）组态树基本操作

组态树以分层展开的形式，直观地展示了组态信息的树型结构。用户从中可清晰地看到从控制站直至信号点的各层硬件结构及其相互关系，也可以看到操作站上各种操作画面的组织方式。图 7-16 为某一组态树。

无论是系统单元、I/O 卡件还是控制方案，或是某页操作界面，只要展开组态树，在其中找到相应节点标题，用鼠标双击，就能直接进入该单元的组态窗口，使组态操作更加快捷准确。若想查看某组态单元内容，只要对组态树层层展开，找到要查看单元节点，用鼠标单击，相关内容将在右边的节点信息显示区详细列出。

图 7-16　某一组态树示意图

125

（3）菜单命令

菜单栏列出了组态的主菜单，包括文件、编辑、总体信息、控制站、操作站、查看、位号和帮助八项内容，表 7-1 为系统组态菜单命令一览表。

表 7-1　系统组态菜单命令一览表

菜　单　项		图标	功能说明
文件	新建	新建	建立新的组态文件
	打开	打开	打开以往建立、保存的组态文件
	保存	保存	直接以原文件名保存组态文件
	另存为		以新的路径和文件名保存组态文件
	打印		打印组态文件中相关的列表信息（如卡件统计表、位号一览表等）
	打印预览		预览打印文件中相关的列表信息
	打印设置		设置打印机及打印格式
	退出		退出组态软件
编辑	剪切	剪切	将对象复制到剪贴板上，并将之从组态树中删除
	复制	复制	将对象复制到剪贴板上，并保持原对象不变
	粘贴	粘贴	将剪贴板上最新一次的剪切或复制内容粘贴到指定位置
	删除		删除组态树中的选中对象
总体信息	主机设置	主机	设置系统的控制站（主控制卡）与操作站
	全体编译	编译	将已完成的组态文件的所有内容进行编译
	快速编译		只编译修改过的组态内容，其他的保持不变
	控制站编译		仅对硬件组态及下位机程序进行编译，不提供监控运行，方便程序调试
	备份数据		将已完成的组态文件进行备份
	组态下载	下载	将编译后的控制站组态内容下载到对应控制站
	组态传送	传送	在工程师将编译后的监控运行所必需的文件通过网络传送给操作站
	控制站信息		显示组态控制站中主控制卡的有关信息
控制站	I/O 组态	I/O	组态挂接在主控制卡上的数据转发卡、I/O 卡、信号点
	自定义变量	A= 变量	定义在上下位机之间建立交流途径的各种变量
	常规控制方案	常规	组态常规控制方案

126

菜 单 项		图标	功能说明
控制站	自定义控制方案	算法	编程语言入口
	折线表		定义非线性信号处理方法
操作站	操作小组设置	操作小组	组态操作小组
	总貌画面	#总貌	组态总貌画面
	趋势画面	趋势	组态趋势画面
	分组画面	分组	组态分组画面
	一览画面	一览	组态一览画面
	流程图	流程图F	绘制流程图
	报表	报表	编制报表
	自定义键	自定义键	设置操作员键盘上自定义键功能
	弹出式流程图	流程图P	绘制弹出式流程图
	二次计算	二次计算	进行二次计算组态
	语音报警	语音报警	为报警设置报警声音文件
查看	工具栏		隐藏或显示组态界面的工具图标
	状态栏		隐藏或显示组态界面底部的状态栏
	错误信息		隐藏或显示组态界面的编译信息区
	位号查询	查位号	查找组态中任意一个位号并打开该位号的参数设置对话框
	选项		对 SCKey 软件的内部设置进行更改
位号	位号区域划分		将已完成组态的下位机位号进行分组分区
	统计信息		统计各控制站中各种数据位号的数量
帮助	帮助主题		系统在线帮助
	关于 SCKey		版权说明

（4）组态操作界面简介

JX-300XP 工程师组态软件 SCKey 通过简明的下拉菜单和弹出式对话框建立友好的人机交互界面，主要分为系统总体组态操作界面、控制站组态操作界面和操作站组态操作界面。

① 系统总体组态操作界面。在系统总体组态界面中，"总体信息"菜单是对系统总体结构的组态与操作，主要包括主机设置、系统联合编译、备份数据、组态下载、组态传送、控制站信息和系统组态结果信息打印。

主机设置界面分别对主控制卡（控制站）和操作站的信息进行设置，如图 7-17 所示，通过组态设置界面上的整理、增加、删除和退出命令按钮实现主机组态。主控制卡设置界面用于完成控制站（主控卡）设置；操作站设置界面用于完成操作站（工程师站与操作员站）设置。其他组态操作必须在组态文件形成之后方可进行。

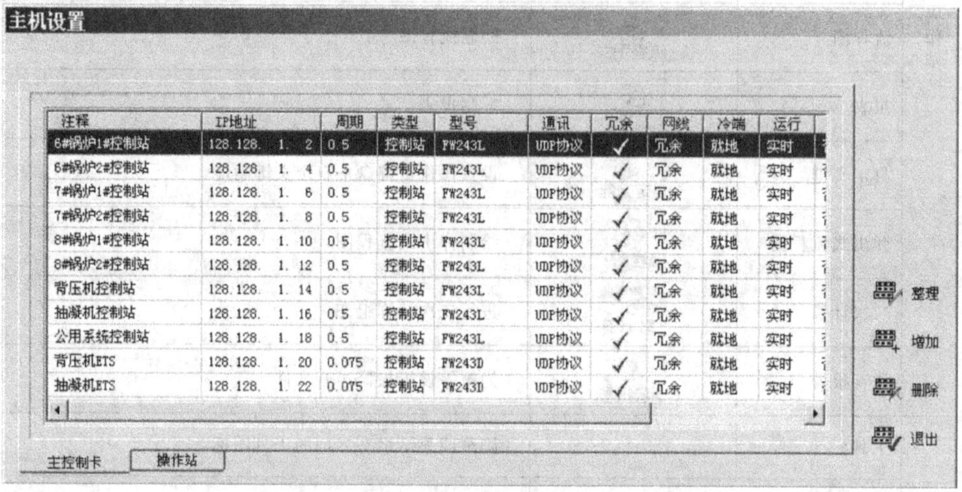

主机设置

注程	IP地址	周期	类型	型号	通讯	冗余	网线	冷端	运行
6#锅炉1#控制站	128.128.1.2	0.5	控制站	FW243L	UDP协议	✓	冗余	就地	实时
6#锅炉2#控制站	128.128.1.4	0.5	控制站	FW243L	UDP协议	✓	冗余	就地	实时
7#锅炉1#控制站	128.128.1.6	0.5	控制站	FW243L	UDP协议	✓	冗余	就地	实时
7#锅炉2#控制站	128.128.1.8	0.5	控制站	FW243L	UDP协议	✓	冗余	就地	实时
8#锅炉1#控制站	128.128.1.10	0.5	控制站	FW243L	UDP协议	✓	冗余	就地	实时
8#锅炉2#控制站	128.128.1.12	0.5	控制站	FW243L	UDP协议	✓	冗余	就地	实时
背压机控制站	128.128.1.14	0.5	控制站	FW243L	UDP协议	✓	冗余	就地	实时
抽凝机控制站	128.128.1.16	0.5	控制站	FW243L	UDP协议	✓	冗余	就地	实时
公用系统控制站	128.128.1.18	0.5	控制站	FW243L	UDP协议	✓	冗余	就地	实时
背压机ETS	128.128.1.20	0.075	控制站	FW243D	UDP协议	✓	冗余	就地	实时
抽凝机ETS	128.128.1.22	0.075	控制站	FW243D	UDP协议	✓	冗余	就地	实时

整理　增加　删除　退出

主控制卡　操作站

图 7-17　主机设置界面

② 控制站组态操作界面。控制站由主控制卡、数据转发卡、I/O 卡件、供电单元等构成。系统网络节点可扩展修改，控制站内的总线结构也可方便地扩展 I/O 卡件。在系统组态界面的"控制站"菜单用于对系统控制站结构及控制方案的组态，主要包括数据转发卡组态、I/O 组态、自定义变量组态、自定义回路组态、常规控制方案组态、自定义控制方案组态和折线表定义，通过组态界面上的整理、增加、删除和退出命令按钮实现控制站的组态。对控制站组态所作的任何修改，都必须通过离线下载来实现。图 7-18～图 7-20 分别是数据转发卡组态界面、I/O 卡件组态界面和 I/O 点组态界面。

③ 操作站组态操作界面。操作站组态通过系统组态界面上的"操作站"菜单，实现对系统监控画面和监控操作的组态，主要包括操作小组设置、标准画面组态

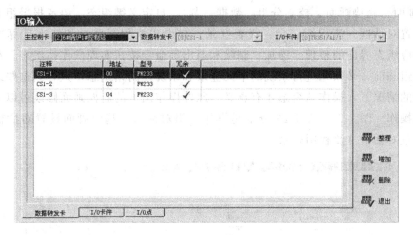

图 7-18　数据转发卡组态界面

图 7-19　I/O 卡件组态界面

图 7-20　I/O 点设置组态界面

（总貌画面、趋势画面、控制分组、数据一览）、自定义键组态、语音报警组态和操作站设置对话框（流程图登录、报表登录、弹出式流程图登录和二次计算登录），通过相应组态界面的整理、增加、删除和退出等命令按钮实现操作站组态。在进行操作站组态前，必须先进行系统的单元登录和系统控制站组态，只有当这些组态信息存在的情况下，操作站组态才有意义。此外操作站上的监控画面修改可以不用执行下载操作。图 7-21～图 7-23 分别是操作小组对话框、趋势画面设置对话框和操作站设置对话框（流程图登录）。

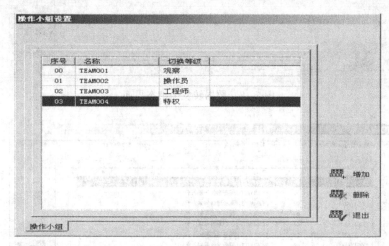

图 7-21　操作小组对话框

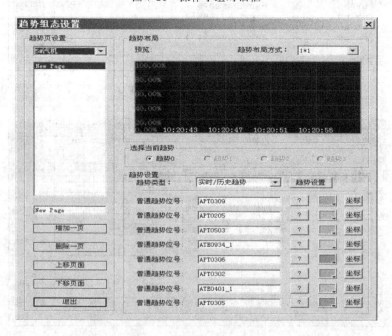

图 7-22　趋势画面设置对话框

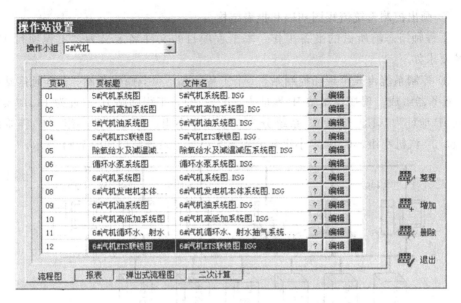

图 7-23 操作站设置对话框（流程图登录）

7.3 工程师组态操作过程

下面以一个工程项目实例说明 JX-300XP 系统的工程师组态过程及操作步骤。组态过程中各类卡件的选择与 JX-300XP 系统卡件对应，若改为其他型号系统，则组态的卡件应与该系统一致。

7.3.1 组态前准备工作

对任何集散控制系统而言，在进行工程师组态之前，首先应将系统构成、卡件布置图、测点清单、数据分组方法、控制方案、监控画面、报表内容等组态所需的所有文档资料收集齐全。主要内容如下。

① 控制系统构成：确定控制系统有几个控制站、几个工程师站、几个操作站、几个通信站和几个服务器站等；确定控制站、工程师站、操作员站的 IP 地址；确定系统中操作小组的分布情况；画出 DCS 系统构成结构分布图。

② 绘制现场控制站的卡件布置图：确定使用几个机笼，并按机笼中卡件的位置和数量画出卡件分布图，在相应的卡件槽位中注明使用卡件的类型。对有冗余的卡件要具体说明。

③ 写出控制系统测点清单表：确定检测点位号、I/O 信号类型、量程、卡件类型、信号点地址、报警状态、工程单位并作相应的位号描述。

④ 确定控制系统中采用的控制方案：画出控制系统常规控制方案的原理框图和自定义控制方案程序框图。

⑤ 画出控制系统流程图初稿和报表结构。

工程师组态前所做的准备工作：本工程项目的文件名定义为"工程项目 1"，系统要求如下。

① 控制系统由 6 个现场控制站、1 个工程师站、9 个操作员站、1 个通信站和 2 个服务器组成。现场控制站 IP 地址为（02～12），工程师站 IP 地址为 130，操作员站 IP 地址为（131～139）。系统分为 5 个操作小组，即工程师小组、4# 拌浆罐小组、5# 汽机小组、6# 锅炉小组和公用系统小组，系统结构如图 7-24 所示。

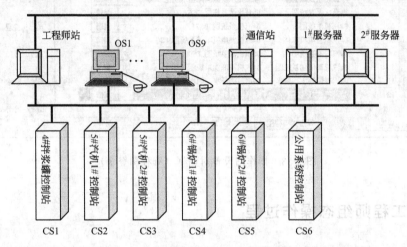

图 7-24　"工程项目 1"集散控制系统的结构框图

② 系统卡件布置图：只给出拌浆罐现场控制站 CS1 机笼 I/O 卡件布置图，如图 7-25 所示。

1# 机笼 I/O 卡件布置图																			
1	2	3	4	00	01	02	03	04	05	06	07	08	09	10	11	12	13	14	15
冗余		冗余																	
X	X	X	X	X	X	X	X	X	X	X	X	X	X	X	X	X	X	X	X
P	P	P	P	P	P	P	P	P	P	P	P	P	P	P	P	P	P	P	P
2	2	2	2	3	3	3	3	3	3	3	3	3	3	3	3	0	0	3	3
4	4	3	3	1	1	1	1	1	1	1	1	1	1	1	0	0	1	1	1
3	3	3	4	4	4	4	4	4	4	4	4	4	4	4	0	0	6	6	

2# 机笼 I/O 卡件布置图																			
1	2	3	4	00	01	02	03	04	05	06	07	08	09	10	11	12	13	14	15
指示卡		冗余																	
X	X	X	X	X	X	X	X	X	X	X	X	X	X	X	X	X	X	X	X
P	P	P	P	P	P	P	P	P	P	P	P	P	P	P	P	P	P	P	P
2	2	2	2	3	3	3	3	3	3	3	3	3	3	3	3	0	0		
2	2	2	2	3	3	3	3	3	3	3	3	3	3	3	3	0	0		
1	1	3	5	3	6	6	6	2	6	6	2	2	6	2	0	0			

图 7-25　拌浆罐控制站的系统卡件分布图

③ 控制系统测点清单：只列出拌浆罐控制系统的部分测点清单，如表 7-2 所示。

表 7-2　拌浆罐控制系统的部分测点清单

＊＊＊＊＊ SUPCON 项目名称 合同编号			测点配置清单					
序号	位号	描述	I/O	信号	属性		地址	卡件
				类型	量程	单位		型号
1	PI201	蒸汽进口压力	AI	1～5V	0～6	MPa	02-00-00-00	XP314
2	TI201	蒸汽进口温度	RTD	PT100	0～120	℃	02-00-14-00	XP316
3	FI201	蒸汽进口流量	AI	1～5V	0～2000	m³/h	02-00-00-01	XP314
4	PI203	蒸汽出口压力	AI	1～5V	0～8	MPa	02-00-00-02	XP314
5	PT202	蒸汽总管压力	AI	1～5V	0～8	MPa	02-00-00-03	XP314
6	PV202	压力调节	AO	Ⅲ型输出			02-02-04-00	XP322
7	TI202	拌浆罐温度 1	RTD	PT100	0～200	℃	02-00-14-01	XP316
8	LI201	拌浆罐液位 1	AI	1～5V	0～3000	mm	02-00-00-04	XP314
9	TI202	拌浆罐温度 2	RTD	PT100	0～200	℃	02-00-14-02	XP316
10	LI202	拌浆罐液位 2	AI	1～5V	0～3000	mm	02-00-00-05	XP314
11	FT202	冷水流量	AI	1～5V	0～1200	m³/h	02-00-01-00	XP314
12	FV202	流量调节	AO	Ⅲ型输出			02-02-04-01	XP322

④ 控制系统中采用的常规控制方案：只列出拌浆罐控制系统的控制方案——拌浆罐蒸汽总管压力单回路控制 PIC202；拌浆罐给水流量单回路控制 FIC202。

⑤ 流程图画面：拌浆罐控制系统的带控制点流程图画面如图 7-26 所示。

7.3.2　总体结构组态

图 7-27 为 JX-300XP 系统的总体结构组态流程框图。总体结构组态是整个工程师组态过程中最先必须做的工作，其目的是确定构成控制系统的网络节点数，即控制站和操作站节点的数量，主要内容由三大部分组成：系统组态软件登录、主机设置和组态文件形成后的操作。只有组态文件形成后的操作部分必须在全部系统组态文件（控制站组态文件、操作站组态文件和其他组态文件）生成后方可进行。

在进行本工程项目的工程师组态之前，首先进入第一部分系统组态软件登录操作。

（1）第一部分：系统组态软件登录

双击桌面上的"系统组态"图标，进入系统组态登录对话框，选择用户名为"系统维护"，输入密码，以工程师或特权身份登录系统组态软件；然后进行 DCS 系统选择，即"载入组态"、"选择组态"、"新建组态"三选一的操作，进入组态操作界面，开始 JX-300XP 的工程师组态的操作过程。

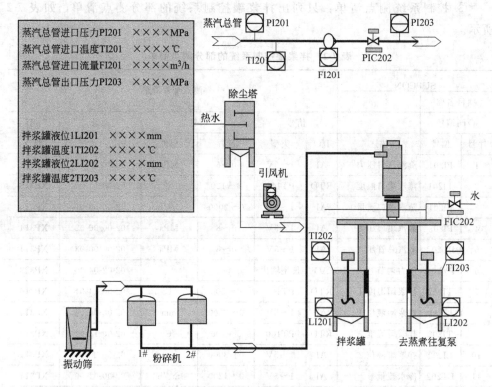

图 7-26　拌浆罐带控制点流程图画面

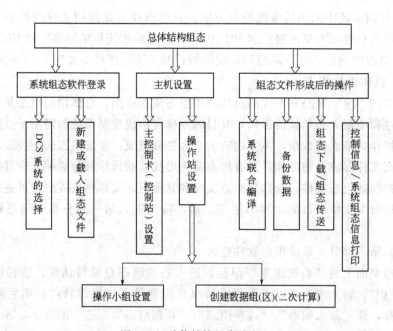

图 7-27　总体结构组态流程

针对本工程项目，选择"新建组态"命令，弹出文件保存对话框，将新建项目组态文件以文件名（工程项目 1）保存在相应的路径中，完毕后弹出标题为"工程项目 1"的系统组态界面，如图 7-28 所示。开始进入总体结构组态的第二部分。

图 7-28 "工程项目 1"组态界面

（2）第二部分：主机设置

完成第一部分操作后进入主机设置组态，主机设置目的是确定控制系统的控制站和操作站数量、操作站的操作小组个数、数据分组分区。

① 主机设置（主控制卡和操作站组态）。主机设置界面的主要内容是对主控制卡（控制站）、操作站进行 IP 地址、类型、型号和冗余等 11 项内容的组态，通过主机设置界面上的整理、增加、删除和退出命令按钮进行相关操作，点击组态界面上工具栏中点击【主机】命令，弹出主机设置界面。图 7-29 和图 7-30 分别是本项目"工程项目 1"的控制站、操作站组态结果，其中控制站为 6 个、工程师站 1 个、操作站 9 个、通信站 1 个、服务器 2 个。

待主控制卡（控制站）和操作站组态完毕，点击【退出】回到系统组态界面，进入操作站的操作小组设置和创建数据组的组态。

② 操作小组设置。操作站节点组态内容并不是每个操作站节点都需要查看，在组态时选定操作小组后，在各操作站节点组态画面中设定该操作站节点关心的内容，这些内容可以在不同的操作小组中重复选择。在此建议设置一个操作小组（工程师小组），它包含所有操作小组的组态内容，这样，当其中有一操作员站出现故障，可以运行此操作小组，查看出现故障的操作小组运行内容，以免时间耽搁而造成损失。

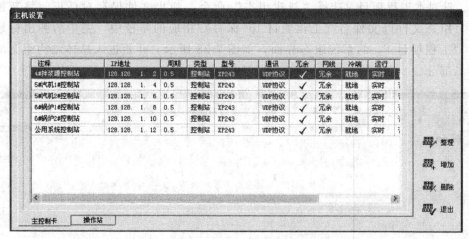

图 7-29　控制站组态结果

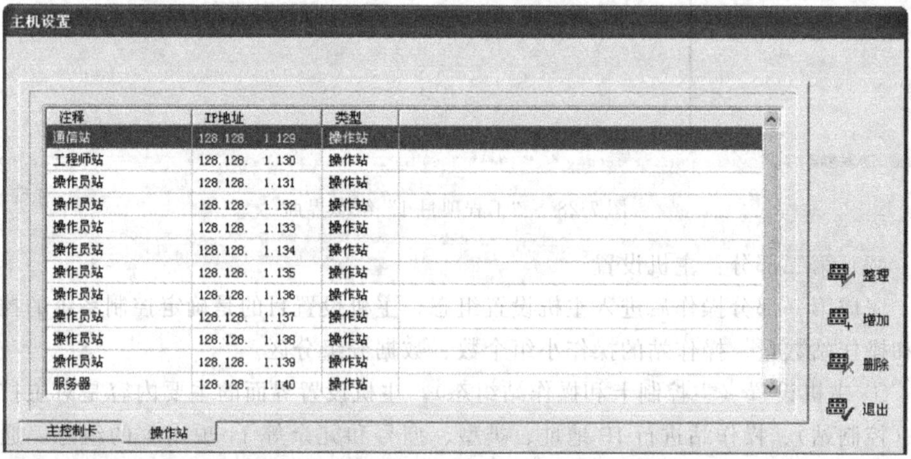

图 7-30　操作站组态结果

　　选择菜单中【操作站/操作小组设置】命令或工具栏图标【操作小组】，将弹出操作小组设置对话框，最多可组成 16 个操作小组。

　　设置操作小组的意义在于不同的操作小组可观察、设置、修改不同的标准画面、流程图、报表、自定义键等。所有这些操作站组态内容并不是每个操作站都需要查看，在组态时选定操作小组后，在各操作站组态画面中设定该操作站关心的内容，这些内容可以在不同的操作小组中重复选择。

　　JX-300XP 提供观察、操作员、工程师、特权四种操作等级。在 Advan-Trol 监控软件运行时，需要选择启动操作小组名称，可以根据登录等级的不同进行选择。当切换等级为观察时，只可观察各监控画面，而不能进行任何修改；当切换等级为操作员时，可修改权限设为操作员的自定义变量、回路、回路给定值、手自动切换、手动时的阀位值、自动时的 MV；当切换等级为工程师时，还可修改控制器的 PID 参数、前馈系数；当切换等级为特权时，可删除前面所有等级的口令，其他与工程师等级权限相同。

本项目中设置了 5 个操作小组，即工程师小组、4# 拌浆罐小组、5# 汽机小组、6# 锅炉小组和公用系统小组，首先在系统组态界面的工具栏上点击【操作小组】弹出操作小组设置界面进行操作，图 7-31 为本项目操作小组设置结果。

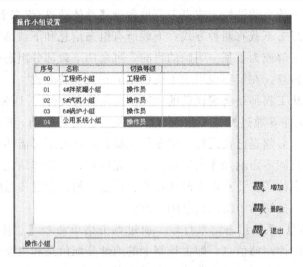

图 7-31　操作小组设置结果

③ 数据分组分区设置。数据分组分区的目的是为了方便数据的管理和监控。但数据组与操作小组绑定后，则只有绑定的操作小组可以监控数据组数据，使查找更有针对性。通过系统组态界面的工具栏上点击【二次计算】进入操作站二次计算设置对话框，进行相关的创建数据组操作，这里不再叙述，查阅相关 JX-300XP 操作手册。

（3）第三部分：组态文件形成后的操作

第三部分内容必须在 7.3.3 节和 7.3.4 节即控制站组态文件和操作站组态文件全部形成后，方可进行。主要组态操作如下。

① 系统联合编译。系统组态所形成的组态文件必须经过系统编译，才能下载给控制站执行，以及传送到操作站监控。点击工具栏中的编译图标或是点击菜单命令【总体信息/全体编译】即可执行系统编译。编译命令只可在控制站与操作站都组态完成以后进行，否则编译不可选。

编译之前 SCKey 会自动将组态内容保存。组态编译包括对系统组态信息、流程图、SCX 自定义语言、报表信息及二次计算等一系列组态信息文件的编译。它包括快速编译和全体编译两项。快速编译只编译改动的部分；全体编译是编译组态的所有数据。

② 备份数据。备份数据是对已完成的组态文件进行备份。点击菜单命令【总

体信息/备份数据】即可进行相关操作。

③ 下载组态/传送组态。组态下载是在工程师站上将组态内容编译后下载到控制站；或在修改与控制站有关的组态信息（主控制卡配置、I/O 卡件设置、信号点组态、常规控制方案组态、程序语言组态等）后，重新下载组态信息。如果修改操作站的组态信息（标准画面组态、流程图组态、报表组态等），则不需下载组态信息。点击工具栏中的下载图标，或点击菜单命令【总体信息/组态下载】，即可进行组态下载操作。组态下载有两种方式：下载所有组态信息和下载部分组态信息。当用户对系统非常了解或为了某一明确的目的，可采用下载部分组态信息，否则请采用下载所有组态信息。在工程应用中不提倡采取在线下载方式。

组态传送是从工程师站将编译后的 .SCO 操作信息文件、.IDX 编译索引文件、.SCC 控制信息文件等通过网络传送给操作员站。组态传送前，FTPServer（文件传输协议服务器）必须是已在运行。组态传送将监控运行所必需的文件由工程师站发送至操作站，其间不影响操作站运行。传送完毕后，由操作站完成组态的更新与监控的重调。组态传送主要有以下两项功能：快速将组态信息传送给各操作站；可以检查各操作站与控制站中组态信息的一致性。

④ 控制站信息/系统组态信息打印。通过点击菜单命令【总体信息/控制站信息】检查系统中的控制站信息，即主控制卡的地址分配信息和主控卡版本信息。

系统组态信息打印通过点击菜单命令【文件/打印】将弹出打印内容设置对话框，打印内容主要包括卡件统计表、分类点数统计表、I/O 端子表、I/O 测点表、位号一览表、自定义变量一览表、回路一览表和操作站设置表。

7.3.3 控制站组态

图 7-32 为控制站组态流程框图。通过组态操作界面的"控制站"菜单实现对控制站 I/O、自定义变量及控制方案等内容组态。对控制站组态所作的任何修改，都必须通过编译下载来实现。控制站组态操作以"工程项目 1"为例进行叙述。

（1）控制站 I/O 组态

控制站 I/O 组态是完成对控制系统中各控制站内卡件和 I/O 点的参数设置。图 7-33 为控制站 I/O 组态流程框图，分为三个部分，分别是数据转发卡组态（确定机笼数）、I/O 卡件组态和 I/O 点设置组态。

当工程师组态完成系统总体结构的第一、二部分组态后，回到系统组态界面，点击组态界面的菜单命令【控制站/IO 组态】或工具栏图标【I/O】，进入控制站 I/O 组态环境，通过 I/O 组态操作界面的整理、增加、删除和退出命令按钮进行系统 I/O 组态操作。若要对某可冗余的 I/O 卡件进行冗余设置，必须确保其相邻地址不被占用，否则系统提示无法冗余。

控制站 I/O 组态是分层次进行，即从挂接在主控制卡上的数据转发卡组态开始，然后 I/O 卡件组态、I/O 点设置组态操作；I/O 点设置组态（I/O 点分为模入

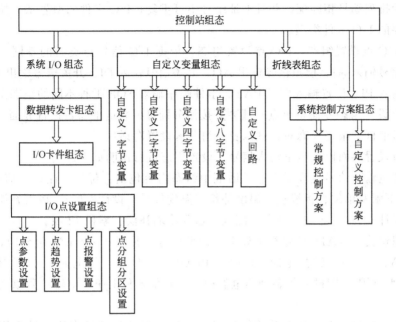

图 7-32　控制站组态流程

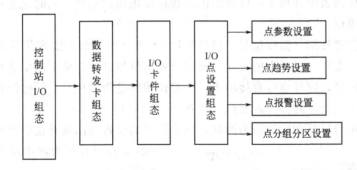

图 7-33　为控制站 I/O 组态流程

AI、模出 AO、开入 DI、开出 DO、脉冲量输入 PI、位置输入 PAT、事件顺序输入 SOE 输入七种类型）则是按参数设置、趋势设置、报警设置和分组分区设置的四层操作。这里介绍控制站组态的基本操作，其他相关操作可查阅 JX-300XP 组态操作手册。

　　① 数据转发卡组态。I/O 组态首先从数据转发卡开始。数据转发卡组态是对控制站内所有机笼的数据转发卡冗余情况以及 SBUS-S2 网络上的地址进行组态，通过数据转发卡组态界面的相关按钮进行操作。

　　② I/O 卡件组态。I/O 卡件组态是对 SBUS-S1 网络上的 I/O 卡件型号及地址进行组态。每个控制站下的一块数据转发卡可以组态 16 块 I/O 卡件。I/O 卡件组态的主要内容有注释、地址、型号等，其中 I/O 卡件的组态地址应与它在控制站

机笼中的排列编号相匹配，并且地址编号不可重复；I/O 卡件的型号从下拉列表中选择需要的 I/O 卡件类型。

③ I/O 点设置组态。I/O 点设置组态，依据 I/O 信号点类型的不同，可以分为模拟信号输入 AI、模拟信号输出 AO、开关信号输入 DI、开关信号输出 DO、脉冲信号输入 PI、位置输入信号 PAT、事件顺序输入 SOE 七种不同的组态窗口，点击 I/O 点设置组态界面每个点的【≫】按钮分别进入相应的参数设置界面、I/O 趋势组态对话框、报警组态对话框以及分组分区设置对话框。

参数设置界面以模拟量输入信号点设置组态进行说明如下。

模拟量输入信号点设置组态对话框中组态内容包括：位号、注释、信号类型、量程上/下限及单位、折线表、温度补偿（温度位号、设计温度）、压力补偿（压力位号、设计压力）、滤波、开方、配电、远程冷端补偿、累积 12 项。

模拟量输入（AI）信号类型如下。标准信号，Ⅱ 型 0~10mA、0~10V；Ⅲ 型 4~20mA、1~5V。②热电阻，Cu50、Pt100 电阻信号。热电偶，E 型（镍铬-康铜）、K 型（镍铬-镍硅）等各种热电偶信号。其他各种电压、电流信号以及毫伏信号等。

模拟量信号的上、下限及单位用于设定信号点的量程最大值、最小值及其单位。工程单位列表中列出了一些常用的工程单位供用户选择，同时也允许用户定义自己的工程单位。

当选中温度补偿（温度位号、设计温度），将打开后面的温度位号和设计温度两项，点中温度位号项后面的按钮，此时会弹出位号选择对话框从中选择补偿所需温度信号的位号，位号也可直接填入，但需说明的是所填位号必须已经存在。在设计温度项中填入设计的标准温度值。当选中压力补偿（压力位号、设计压力），将打开后面的压力位号和设计压力两项，压力位号的设置与温度补偿中温度位号设置一样，在设计压力项中填入设计的标准压力值。

I/O 趋势组态对话框是设置 I/O 历史数据记录方式，为操作站的趋势画面组态作前期准备。

I/O 报警对话框是对 I/O 数据报警进行设置，主要包括：报警信号数值的百分数还是工程实际值；报警类型分为超限报警、偏差报警和变化率报警；报警形式选择分为高高限、高限、低限、低低限四种。图 7-34 为报警处理示意图，报警死区设置是防止测量信号在报警限附近频繁抖动而导致报警消息频繁产生。

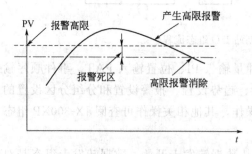

图 7-34　报警处理示意图

当高限和高高限报警，位号值大于等于报警限值时，产生相应报警；位号值小于（报警限值-死区值）时，报警消除。

当低限和低低限报警，当位号值位号值小于等于限值时将产生相应的报警，当位号值大于（限值＋死区值）时报警消除。

I/O点分组分区设置对话框是进行位号分组分区设置，其目的在二次计算中需要相应的数据组或者数据区。

根据"工程项目1"的拌浆罐控制站系统卡件分布图（见图7-25）和拌浆罐部分测点清单表（见表7-2），分别进行数据转发卡、I/O卡件以及I/O点的详细设置组态，组态结果分别见图7-35～图7-38。

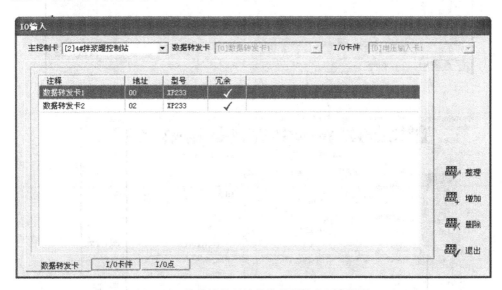

图 7-35　拌浆罐控制站的数据转发卡组态结果

图 7-36　拌浆罐控制站的I/O卡件组态结果

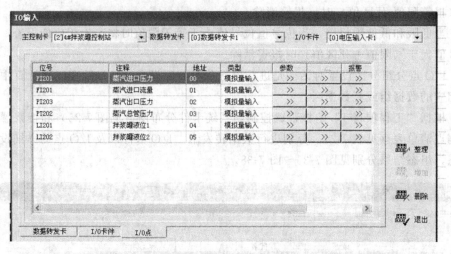

图 7-37　拌浆罐控制站的 I/O 卡件的 I/O 点组态结果

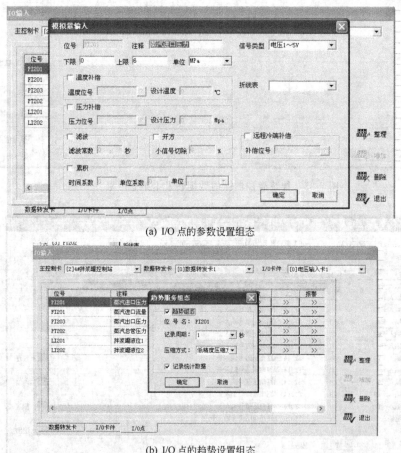

(a) I/O 点的参数设置组态

(b) I/O 点的趋势设置组态

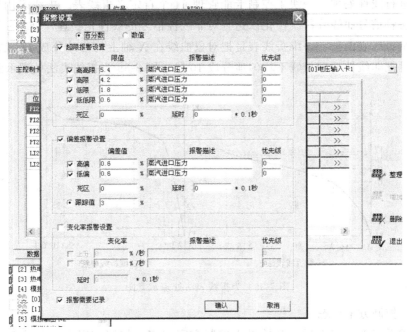

(c) I/O 点的报警设置组态

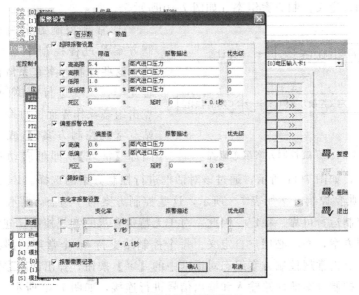

(d) I/O 点的分组分区设置组态

图 7-38　拌浆罐控制站 I/O 卡件的 I/O 点详细组态结果

（2）折线表组态

折线表用于非线性信号的线性化处理，在模拟量输入和自定义控制方案中使用。自定义折线表是全局的，一块主控制卡管理下的两个模拟信号可以使用同一个折线表进行线性处理，一块主控制卡能管理 64 个自定义折线表。折线表用折线近似的方法将信号曲线分段线性化以达到对非线性信号的线性化处理，分为一维折线表和二维折线表两种，一维折线表是把对象曲线在 X 轴上均匀地分成 16 段；二维折线表是把非线性处理折线不均匀地分成 10 段。图 7-39 为折线表法处理示意图。

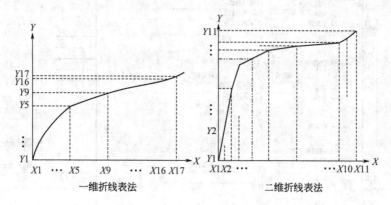

图 7-39　为折线表法处理示意图

（3）控制方案组态

完成系统 I/O 组态后，开始进入控制方案组态。控制方案组态分为常规控制方案组态和自定义控制方案组态，如图 7-40 所示。

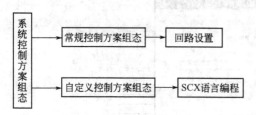

图 7-40　系统控制方案组态流程

① 常规控制方案组态。常规控制方案是过程控制中常用的控制方法。这些控制方案在系统内部已经编程完毕，只要进行简单的组态即可。点击组态操作界面文件命令的【控制站/〈常规控制方案〉】或工具栏相关图标【常规】，即可启动常规控制方案组态环境，如图 7-41 所示，通过该对话框进行控制方案的选择。JX-300XP 支持 8 种常用的典型控制方案如表 7-3 所示，这些控制方案易于组态，操作方便，且实际运用中控制运行可靠、稳定。因此，对于无特殊要求的常规控制，建议采用系统提供的控制方案，而不必用户自定义。每个控制站支持 64 个常规回路。控制方案选择完毕，点击常规控制方案组态对话框中的【≫】按钮，弹出回路参数设置对话框，对选中控制方案的回路输入和输出信号进行连接，如图 7-42 所示。

② 自定义控制方案组态。JX-300XP 的常规控制方案的回路输入和输出只允许 AI 和 AO，对一些有特殊要求的控制方案，用户必须根据实际需要自己定义控制方案，这种控制方案称为用户自定义控制方案，用户可以通过 JX-300XP 系统提供的特殊编程语言 SCX 语言和图形编程方式加以实现。选中【控制站/〈自定义控制方案〉】或工具栏图标【算法】，即可启动系统的自定义控制方案组态，如图 7-8 所

144

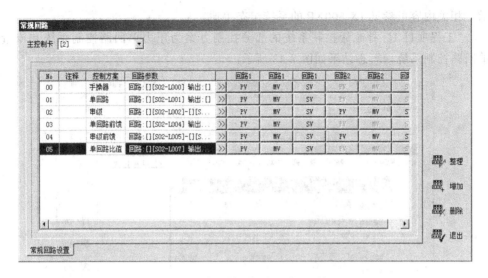

图 7-41　常规控制方案组态对话框

表 7-3　常规控制方案列表

控 制 方 案	回 路 数
手操器	一个回路
单回路控制	一个回路
串级控制	二个回路
单回路前馈(前馈-反馈控制)	一个回路
串级前馈(三冲量控制)	二个回路
单回路比值(单闭环比值控制)	一个回路
串级比值-乘法器(变比值串级控制)	二个回路
采样控制	一个回路

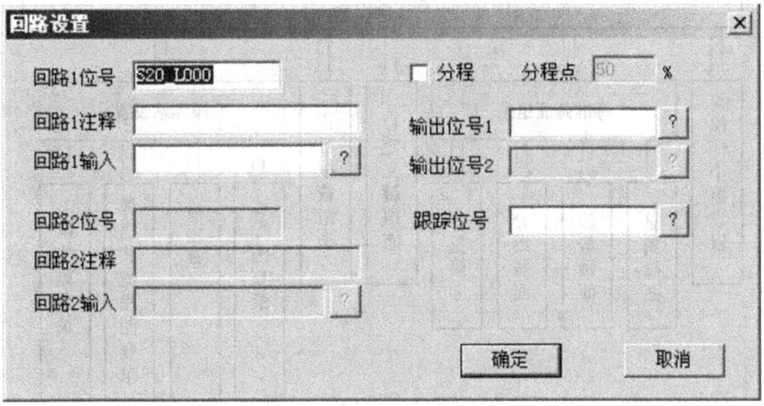

图 7-42　回路设置对话框

示，相关内容可参见 JX-300XP 的系统组态手册。

"工程项目 1"拌浆罐控制系统的部分控制方案为压力单回路控制系统和流量单回路控制系统，组态结果如图 7-43 所示。

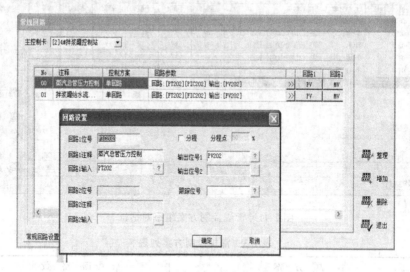

图 7-43 拌浆罐控制方案组态结果

7.3.4 操作站组态

操作站组态是对操作站上各种操作监控画面的组态，是面向操作人员的 PC 操作平台的定义。在进行操作站组态之前，必须完成系统的单元登录和控制站组态，只有当这些组态信息存在，系统的操作站组态才有意义，同时对操作站监控画面的修改可以不执行下载操作。图 7-44 为操作站组态流程框图。这里主要介绍标准画面组态和操作站设置部分组态，操作小组以及二次计算组态已在 7.3.2 节介绍，其他相关内容可查阅 JX-300XP 技术手册。

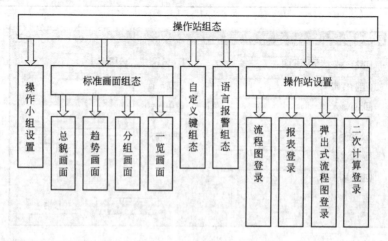

图 7-44 操作站组态流程

当工程师组态操作的总体信息组态的主机设置和操作小组设置，以及控制站组态完成后，进入操作站组态操作过程。再回到系统组态界面，选择已经设置的操作小组，根据工具栏图标或者菜单相关命令，添加总貌画面、控制分组画面、趋势画面、数据一览画面以及流程图画面等一系列操作画面，然后在相应的操作画面组态对话框进行组态操作。

针对"工程项目1"设置的5个操作小组，工程师小组、4# 拌浆罐小组、5# 汽机小组、6# 锅炉小组和公用系统小组，添加相应的操作画面，其中工程师小组包含所有操作小组的操作画面，如图7-45所示。

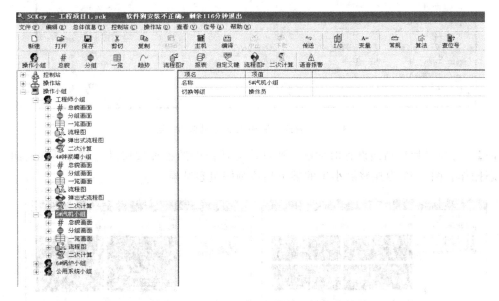

图 7-45 "工程项目 1"的操作画面组态结果

（1）标准画面组态

标准画面组态，是指系统已定义格式的标准操作画面进行画面组态，其中包括总貌画面、趋势画面、控制分组、数据一览四种操作画面的组态。

① 总貌画面组态。总貌画面是标准画面之一。每页总貌画面可同时显示 32 个位号的数据和说明，也可作为总貌画面页、分组画面页、趋势曲线页、流程图画面页、数据一览画面页等的索引。点击工具栏图标【总貌画面】或者选择菜单中【操作站/总貌画面】命令，将弹出总貌画面设置对话框，通过点击整理、增加、删除和退出按钮进行总貌画面组态操作，同时利用【?】按钮提供各种位号、画面查询服务。图 7-46 为拌浆罐小组的总貌画面组态结果。

② 趋势画面组态。趋势画面是标准画面之一。趋势画面组态用于完成实时监控趋势画面的设置，JX-300XP 提供四种趋势画面布局即 1 * 1、1 * 2、2 * 1、2 * 2 四种方式。点击工具栏图标【趋势画面】或者选择菜单命令【操作站/趋势画

图 7-46　为拌浆罐小组的总貌画面组态

面】，将弹出趋势画面设置对话框，通过该对话框中的各种按钮进行趋势画面的组态操作。图 7-47 为拌浆罐小组的某个趋势画图组态结果。

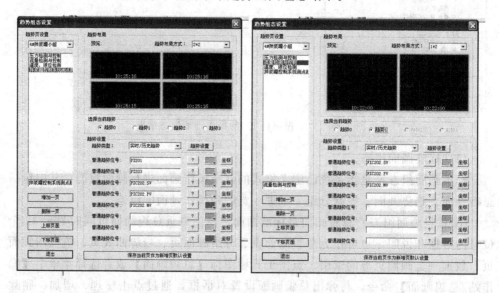

图 7-47　拌浆罐小组的某个趋势画图组态

　　③ 控制分组画面组态。控制分组画面是标准画面之一，分组画面组态是对实时监控状态下分组画面里的仪表位号进行设置，每页控制分组画面至多包含八个仪表位号。点击工具栏图标【控制分组】或者选择菜单命令【操作站/分组画面】，通过相应操作按钮，实现控制分组画面的组态。图 7-48 为拌浆罐小组的某个分组画

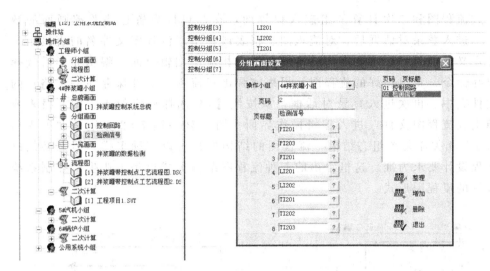

图 7-48　拌浆罐小组的某个分组画图组态

图组态结果。

④ 数据一览画面组态。数据一览画面也是标准画面之一，一览画面在实时监控状态下可以同时显示多个位号的实时值及描述，点击工具栏图标【一览画面】或者选择菜单命令【操作站/一览画面】，通过相应的操作按钮进行一览画面的组态。图 7-49 为拌浆罐小组的一览画面组态结果。

图 7-49　拌浆罐小组的一览画面组态

（2）操作站设置

操作站设置主要是指流程图组态、报表组态、弹出式流程图组态以及二次计算组态。点击工具栏图标【流程图 F】、【报表】、【流程图 P】和【二次计算】中任何一个都会弹出操作站设置对话框，分别进入流程图、报表、弹出式流程图和二次计算的组态入口界面，在此可以设置这些监控画面的数量。进入登录对话框后，对流程图、报表或弹出式流程图文件名的直接定义无意义，但是可以直接点击编辑按钮进入相应的编辑界面。编辑完毕后选择保存命令，将组态好的流程图、报表或弹出式流程图文件保存在一定路径的文件夹中。再次进入登录对话框，从按钮【?】选择相应的流程图、报表或弹出式流程图文件，进入编辑操作界面。图7-50～图7-52分别是"工程项目1"相关流程图组态结果，流程图的结构形式可以多种多样，但是必须以工程设计要求为准。这里给出的三种流程图结构形式也是工业生产控制系统常见的流程图形式。

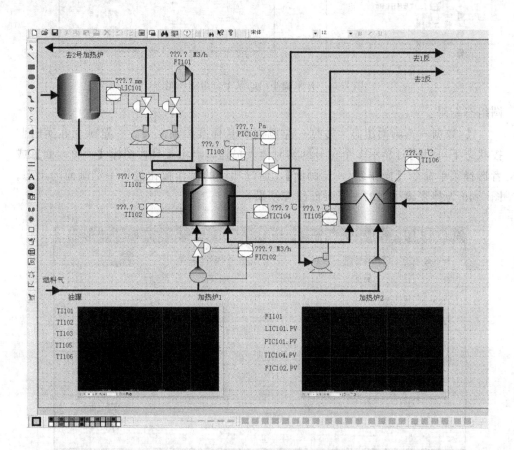

图 7-50　加热炉的控制系统流程图组态

7.3.5　组态完毕后的操作

当总体信息组态、控制站组态以及操作站组态完成后，形成的系统组态文件必须经过系统编译，才能下载给控制站执行和传送到操作站，实现 DCS 控制。组态完毕后的操作已经在 7.3.2 节中叙述，这里就不再重复了。图 7-53 为"工程项目1"的编译下载完毕后操作画面。

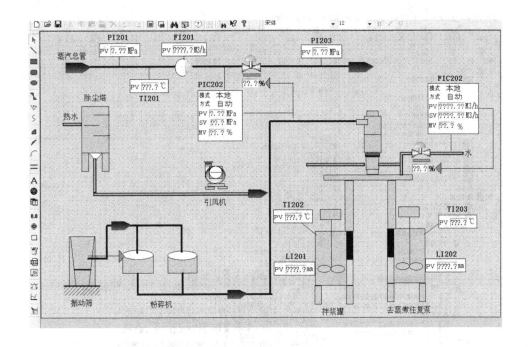

图 7-51 拌浆罐控制系统流程图 1 组态

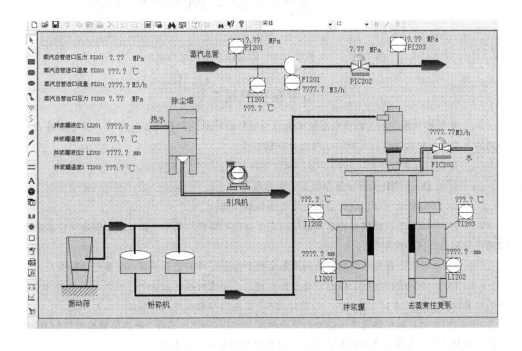

图 7-52 拌浆罐控制系统流程图 2 组态

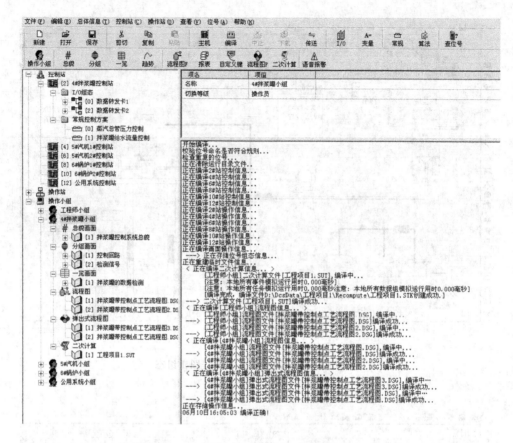

图 7-53 "工程项目 1" 的编译下载的操作画面

思考题和习题 7

7-1 集散控制系统的工程师组态基本内容为硬件设计排列和软件设计排列, 其中硬件设计排列的 3 项内容和软件设计排列的 4 项内容分别是什么?

7-2 何谓目标系统下的工程师组态? 何谓非目标系统下的工程师组态?

7-3 写出 JX-300XP 工程师组态的五大组态步骤。

7-4 JX-300XP 工程师组态的前期工作主要包括哪些?

7-5 JX-300XP 工程师组态的总体结构组态主要包括哪些? 其中主机设置和组态文件形成后的操作分别进行何种操作?

7-6 JX-300XP 工程师组态的控制站组态是整个组态过程的重要步骤, 主要包括哪些?

7-7 JX-300XP 的控制站 I/O 组态是分层次进行, 完成对控制系统中各控制站内卡件和 I/O 点的参数设置。控制站 I/O 组态的三层是什么? I/O 点的参数设置的四层是什么?

7-8 JX-300XP 的控制方案组态分为哪两种组态? JX-300XP 支持 8 种常用的典型控制方案, 它们分别是什么? 在进行常规控制方案组态过程中主要是进行什么设置?

7-9 JX-300XP 工程师组态的操作站组态主要包括哪些? 其中标准画面组态是指哪 4 种标准

152

画面？操作站设置主要是指哪些组态操作？

7-10 某一温度信号 TT100（量程为 0～200℃，报警上限 120℃，报警下限 5℃）。进行工程师项目组态设计。

（1）选择合适的现场仪表。

（2）在 JX-300XP 的调整画面上出现该温度实时数据，如何进行操作？

● 综合篇：
○ 新型集散控制系统实验与综合

8 新型集散控制系统实验与设计

集散控制系统 DCS 是以微处理器为基础的分散型信息综合控制系统。DCS 是过程工业自动控制技术发展史上划时代的进步，当前它已发展为过程工业控制的主流，越来越多的工业自动化过程都广泛地采用了 DCS。国内冶金、化工、电力、纺织、轻工等行业引进了上千套 DCS，以及采用国内研制的 DCS。因此，认识、研究、应用集散控制系统，开发更先进的集散控制系统，是自动化仪表界乃至整个工业控制界的重要任务。

JX-300XP 系统融合了最新的现场总线技术、嵌入式软件技术、先进控制技术与网络技术，实现了多种总线兼容和异构系统综合集成，可以接入各种国内外 DCS、PLC 及现场智能设备，实现企业内过程控制设备信息的共享。

JX-300XP 系统由控制站、操作节点（包括工程师站、操作员站、数据服务器等）及系统网络等组成，功能强大、系统复杂。通过理论学习和实验操作，全面掌握 DCS 的前期设计、系统组态、流程图制作、报表制作、控制方案设计、现场设备的安装和连接以及系统调试、系统维护等知识。为了使读者尽快掌握 DCS 的相关知识，加深对集散控制系统的理解和应用，本书以 JX-300XP 系统为核心，设计了一系列 DCS 的综合实验与实习，通过集散控制系统的操作实践使读者更深入地了解过程控制与自动化概念。

8.1 预备知识

① 实验之前需要预习，了解相关实验内容、步骤、方法及知识点，了解实验目的，力求通过实验能掌握这些内容及知识点，加深理解，培养实际操作动手能力。避免做时无从下手，做后一片茫然的情况。

② 实验以小组为单位进行，通过分工合作完成相关实验内容。促进交流，培养团队合作意识。

③ 每个实验都有相应实验报告，作为对实验过程的确认，实验完成后需提交报告。

④ 在实验过程中根据实验要求完成相关实验操作，并在操作过程中记录相关实验数据。

⑤ 将实验过程中遇到的各种问题记录下来，及时交流，解决问题。

⑥ 部分实验为选做内容，可留在必做实验完成后再做，建议在时间允许情况下完成这些实验。

⑦ 实验整理，实验完成后按规范关机、停电。

8.2 必备知识

① 系统的开启与停止、操作人员口令等系统维护工作经允许后完成，未经授权人员不得进行此操作。

② 系统启动运行上电顺序：UPS、控制站、显示器、操作站计算机。

③ 系统停机次序：操作站计算机、显示器、控制站、UPS。

④ 操作站计算机、键盘和鼠标为专用设备，严禁挪用。

⑤ 为保证系统正常运行，未经允许，不许在操作站计算机上运行任何其他非DCS所需的软件，否则将可能造成严重后果。

⑥ 操作员口令维护：每台操作站上的操作员口令之间无任何关系，必须单独建立。口令是保证系统安全正常运行的前提，必须严格执行。

⑦ 历史数据保存在操作站硬盘上，与系统停电等因素无关。

⑧ 操作站计算机是系统的重要组成部分，必须保持其正常运行和整洁。

⑨ 操作画面翻页时，不能太快，连续翻页间隔时间应在 1s 以上，否则系统画面不能及时更新，严重时将引起电脑死机。

⑩ 修改工艺参数时必须在输入确实无误时再按确认键，以免误操作造成危险或损失。

8.3 新型集散控制系统的实时监控实验

8.3.1 实验目的

① 了解过程控制系统综合实验的控制对象——过程控制实验装置和实验精馏塔实验装置。

② 掌握过程控制系统综合实验的 JX-300XP 系统的规模和组成；现场控制站配置——机笼、主控制卡、数据转发卡、电源卡以及 I/O 卡件的型号、数量、安装位置等相关内容。

③ 通过对 JX-300XP 系统监控软件的具体操作，即实时监控画面上各种按钮、图标以及下拉菜单的使用，熟练掌握 JX-300XP 系统监控系统的各种监控画面基本操作。

④ 全面掌握过程监控画面（总貌画面、控制分组画面、趋势画面、流程图画面、调整画面、仪表面板画面、报警一览画面）的用途、基本结构、调用操作方法等。

⑤ 通过对 JX-300XP 系统的各种监控画面，掌握过程数据在线修改方法以及控制方式的更改。

8.3.2 实验内容及操作步骤

（1）第一部分：基于 JX-300XP 系统的过程控制系统综合实验的控制对象、JX-300XP 系统的硬件配置

① 过程控制系统综合实验的控制对象分别为过程控制实验装置和实验精馏塔装置，观察过程控制实验装置的三大装置组成、名称以及与 DCS 的连接。

② 核对 JX-300XP 系统过程控制系统综合实验的实际设备，根据实际观察填写表 8-1。

表 8-1　JX-300XP 系统过程控制系统综合实验的实验设备

设备名称	单位	数量
控制站(机柜)	只	
操作站(PC 机)	台	
控制对象 1:压力实验装置	台	
控制对象 2:液位、流量实验装置	套	
控制对象 3:温度实验装置	套	
控制对象 4:精馏塔实验装置	套	2

③ 根据本实验室的 JX-300XP 系统，仔细观察现场控制站所使用的机笼、主控制卡、数据转发卡、电源卡以及 I/O 卡件的数量、实装位置及作用，填写表 8-2。

表 8-2　控制站的配置

卡件	单位	数量	卡件	单位	数量
I/O 机笼	只		XP314	块	
电源	块		XP316	块	
主控制卡 XP243	块		XP322	块	
数据转发卡 XP233	块		XP363	块	
电源指示卡 XP221	块		XP362	块	

④ JX-300XP 系统的 I/O 卡件分为模拟量卡、数字量卡和特殊卡件。所有的 I/O 卡件均需安装在机笼的 I/O 插槽中。根据本控制站所使用的 I/O 卡件，进行 I/O 卡件型号、名称以及在机笼的安装位置填写，如表 8-3。

表 8-3　控制站所采用 I/O 卡件

型号	卡件名称	安装位置(机笼)

（2）第二部分：JX-300XP 系统监控软件的初步认识

① 操作人员的登录与维护。

操作 1：在桌面上用鼠标左键双击 AdvanTrol 实时监控图标，弹出实时监控软件启动的"组态文件"对话框。点击"浏览"命令，弹出组态文件查询对话框，选择要打开的组态索引文件（扩展名为 .IDX，保存在组态文件夹的 Run 子文件夹下），打开文件夹 DcsData 下"*****.IDX"文件，点击"打开"进入实时监控登录画面（进入仿真运行状态）。

操作 2：进入实时监控画面后，分别以观察、操作员、工程师和特权身份进行系统登录和维护，观察以何种身份才能进行控制参数的修改，填写表 8-4。

表 8-4 系统登录和维护

序号	权限	观察的画面、修改控制参数的范围
1	观察	
2	操作员	
3	工程师	
4	特权	

② 观察监控画面的 23 个形象直观的操作工具图标，这些图标基本包括了监控软件的所有总体功能。

操作 1：点击操作工具上图标，观察进入的实时监控画面以及它们的名称。

操作 2：了解监控画面后，填写表 8-5。

表 8-5 监控画面的操作工具图标

图标	名称	图标	名称
		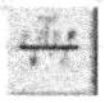	

		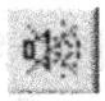	

（3）第三部分：实时监控画面基本操作

① 以工程师身份进入实时监控界面，点击操作工具图标进入各种监控画面，了解画面结构、用途，各种调用方法。根据上述操作，填写表 8-6。

表 8-6 操作画面填写一览表

画面名称	显示	功　能	调用方法

② 过程监视操作画面——总貌画面、控制分组画面、趋势画面、流程图画面、调整画面、报警一览画面的操作，各类过程数据的修改以及控制方式的更改方法。

操作 1：总貌画面。

总貌画面是实时监控的主要监控画面之一，由用户在组态软件的总貌画面项设置产生，系统总貌画面是各个实时监控操作画面的总目录。打开总貌画面，观察每个显示块的内容，从过程信息点（位号）的描述到各种过程监视画面的描述。记录一个总貌画面的信息块的内容，填写表 8-7。

表 8-7 某一总貌画面的显示块的内容

1	2	3	4
5	6	7	8
9	10	11	12
13	14	15	16
17	18	19	20
21	22	23	24
25	26	27	28
29	30	31	32

操作 2：控制分组画面。

控制分组画面是以内部仪表的方式显示各个位号以及回路的各种信息，信息主要包括位号名（回路名）、位号当前值、报警状态、当前值柱状显示、位号类型以及位号注释等。点击图标进入控制分组画面，通过对画面的观察和操作，回答问题对下面的空格进行填空。

a. 每个控制分组画面最多显示_____个内部仪表，点击内部仪表可以进入

160

该仪表的_____画面，通过_____可修改内部仪表的数据或状态。

b. 当操作人员拥有_____权限可以修改数据、改变状态，且此时数值项为_____底色，输入数值按回车确认修改，通过操作员键盘的增减键也可修改_____；而拥有_____权限则不可以进行这些操作。

c. 点击控制分组的某一内部仪表，可以进入_____画面。

d. 选中某一内部仪表，点击监控画面的图标，记录进入不同监控画面的名称。

操作3：趋势画面。

趋势图画面根据组态信息和工艺运行情况，以一定的时间间隔记录每个实时数据，动态更新历史趋势图，并显示时间轴所在时刻的数据（时间轴不会自动随着曲线的移动而移动）。点击图标进入趋势画面，对趋势画面工具的各种按钮进行操作。

操作4：流程图画面。

流程图画面是工艺过程在实时监控画面上的仿真，是主要监控画面之一，由用户在组态软件中产生。流程图画面根据组态信息和工艺运行情况，在实时监控过程中动态更新各个动态对象（如数据点、图形、趋势图等），因此，大部分的过程监视和控制操作都可以在流程图画面上完成。点击图标进入实时监控画面中的流程图画面，开始流程图画面的操作，并回答问题，对下面的空格进行填空。

a. 点击动态参数和开关图形，观察操作过程，记录画面名称：_____

_____。

b. 在动态数据上单击鼠标右键，进行多仪表操作，分别是_____、_____、_____、_____；通过流程图即可同时观察多个内部仪表的状态。

c. 在流程图画面上弹出信号点相应监控画面的名称是：_____

_____。

d. 在流程图画面上进行某一内部仪表控制参数修改和状态变更的操作。

变更控制状态方式，可以通过的监控画面是：_____

_____。

e. 修改 PID 参数、报警上下限设定值等，操作方法：_____

_____。

f. 写出下列字母代表的含义。

PV：_____；SV：_____；MV：_____；控制方式，A：_____；M：_____；C：_____。

操作5：调整画面。

调整画面通过数值、趋势图以及内部仪表来显示位号的信息。调整画面显示如下类型位号：模入、自定义半浮点量、手操器、自定义回路、单回路、串级回路、前馈控制回路、串级前馈控制回路、比值控制回路、串级变比值控制回路、采样控制回路。在工具栏中点击图标，进入调整画面，开始调整画面的操作，回答问题，对下面的空格进行填空。

a. 是否可以直接进入某位号的调整画面？（请选择）□是/□否。

b. 间接进入调整画面的几种方法：_____画面；_____画面；_____画面；通过功能按钮_____双击查找结果中位号名称进入。

c. 打开某一位号的调整画面，通过该画面判断控制方案为_____，观察其调整画面的数值、趋势图以及内部仪表，其中数值项共有_____个，趋势图显示三个参数_____、_____和_____。

d. 分别以操作员身份和工程师身份进入某一位号的调整画面，分别记录两种状况下可以修改的数值，填写表 8-8 和表 8-9。

表 8-8　以操作员身份可以修改的数值

表 8-9　以工程师身份可以修改的数值

操作 6：报警一览画面。

报警一览画面根据组态信息和工艺运行情况动态查找新产生的报警并显示符合条件的报警信息。画面中分别显示了报警序号、报警时间、数据区（组态中定义的报警区缩写标识）、位号名、位号描述、报警内容、优先级、确认时间和消除时间等。实时报警一览画面滚动显示最近产生的 1000 条报警信息，并在报警信息列表中显示实时报警信息和历史报警信息两种状态。点击图标进入报警一览画面并观察，操作报警一览画面上的工具条按钮：报警追忆按钮、实时报警显示按钮、属性设置按钮、报警历史记录备份按钮、打印按钮、确认按钮和整屏确认按钮。

操作 7：数据一览画面。

数据一览画面根据组态信息和工艺运行情况，动态更新每个位号的实时数据值。数据一览画面最多可以显示 32 个位号信息，包括序号、位号、描述、数值和单位共五项信息。点击图标弹出数据一览画面，观察画面，回答问题，并对下面的空格进行填空。

a. 指出数据一览和报警一览的不同之处：_____
_____。

b. 点击数据一览画面中的仪表位号能否进入过程监控画面？（请选择）□是/

□否；如能进入，则该画面的名称＿＿＿＿＿＿＿＿＿＿＿＿＿。

8.3.3 实验报告

① 画出基于 JX-300XP 系统过程控制系统综合实验的 DCS 组成框图。

② 画出实验装置 JX-300XP 系统的控制站内部配置图（机笼、系统卡件和电源等）。

③ 写出 JX-300XP 系统的操作监视画面的名称和功能。

④ 在 JX-300XP 系统中，过程数据的修改以及回路状态方式的更改可以通过哪几种画面进行？

⑤ 设置调整画面的目的是什么？调整画面由哪几部分组成？更改哪些数据项一定要在调整画面进行？

8.4 JX-300XP 系统的维护管理以及组态软件认识实验

8.4.1 实验目的

① 通过对系统维护管理操作，掌握 JX-300XP 系统故障报警及卡件工作状况的判断，以及系统故障的识别、处理的基本方法。

② 通过对一个项目的组态，初步掌握 JX-300XP 系统组态软件的基本操作方法。

8.4.2 实验内容及操作步骤

（1）第一部分：系统维护管理操作

DCS 控制系统是由系统软件、硬件、现场仪表等组成的，任一环节出现问题，均会导致系统部分功能失效或引发控制系统故障，严重时会导致生产停车。因此，要把构成控制系统的所有设备看成一个整体，进行全面维护管理。

通过 JX-300XP 系统维护画面，了解 DCS 的故障维护。

① I/O 故障：I/O 卡件产生的故障，包括型号不匹配、模块故障、变送器故障、各通信通道故障等。

② 系统故障：主控制卡在内的整个控制系统的故障，包括主控制卡的组态、时钟、堆栈故障，通信端口自检故障，内存数据自检出错，冗余双卡组态一致性，通信控制器软件版本检查，用户程序区错误、用户堆栈故障、SCL 语言程序运行故障；网络总线故障，ROM 自检故障，上电备用冗余卡数据拷贝故障，主机周期时间溢出故障，网络地址拨号故障，网络连接故障以及数据转发卡故障等。

操作 1：系统维护管理画面。

JX-300XP 系统维护管理画面主要包括：故障诊断画面、登录口令、报警确认、报警消音、退出系统、重载组态文件和操作记录一览等。分别点击登录口令、报警确认、报警消音、退出系统、重载组态文件和操作记录一览等系统操作标记，进行相关的操作和纪录。

① 根据登录口令对话框，将当前的工程师身份切换到观察状态，然后再切回到工程师状态。

② 通过系统退出按钮，进行退出 AdvanTrol 监控软件操作。注：AdvanTrol 监控软件只可通过该方式安全退出。

③ 通过重载组态文件按钮，重载打开新的操作小组文件的操作；同时打开操作纪录一览，观察监控画面的所有操作过程。

操作 2：故障诊断画面。

故障诊断画面用于显示控制站硬件和软件运行情况的远程诊断结果，以便及时、准确地掌握控制站运行状况。点击图标弹出故障诊断画面，观察和操作故障诊断画面，进行控制站诊断、主控制卡诊断、数据转发卡诊断和 I/O 卡件诊断。回答问题，并对下面的空格或表格进行填空。

① 通过故障诊断画面，可以看出本系统的控制站有_____个，机笼有_____个，主控制卡有_____个，数据转发卡有_____个，I/O 卡有_____个。控制站基本状态诊断，填写实时诊断状态下控制站的基本信息表 8-10。通过相应的色彩表示控制站是否处于正常状态，其中_____色表示工作正常，_____色表示存在错误，_____色表示主控制卡处于备用状态。

表 8-10　当前现场控制站的基本信息

信息1	信息2	信息3	信息4	信息5	信息6	信息7	信息8

② 主控制卡诊断：直观显示当前控制站中主控制卡的工作情况，控制卡左边标有该控制卡的 IP 号_____，绿色表示该控制卡当前_____工作，黄色表示该控制卡当前_____状态，红色表示该控制卡_____状态。单卡表示控制站为_____，双卡表示控制站为_____。

③ 数据转发卡诊断：数据转发卡和主控制卡相似，直观显示了当前控制站每个机笼中的数据转发卡工作状态。左侧显示数据转发卡编号_____，_____色表示工作状态，_____色表示备用状态，_____色表示出现故障无法正常工作。

④ I/O 卡件诊断：机笼上标有 I/O 卡件在机笼中的编号（0#～15#）。每个 I/O 卡件有五个指示灯，从上自下依次表示_____、_____、_____、_____和_____。双击 I/O 卡件可以获取卡件的明细信息_____。

（2）第二部分：JX-300XP 组态软件的基本操作。

操作 1：组态软件 SCKey 的认识。

JX-300XP 系统的组态软件 AdvanTrol-Pro 易学易用，当用户在组态过程中遇到问题，只需按 F1 键或选择菜单中的帮助项，就可以随时得到帮助提示。

JX-300XP 系统工程师功能组态工作分为 5 个阶段：①创建工程项目文件；②总体信息组态；③控制站组态；④操作站组态；⑤对上述组态内容进行编译下载以及对组态内容进行保存和备份。注意：每次对②、③阶段组态时，必须对所组态的内容进行保存下载。

双击桌面上组态图标，进入 SCKey 组态软件主画面，观察工程师组态主画面的显示内容，记录下菜单栏和工具栏的各个组成部分，对下面的空格进行填空。

① 总体信息组态是整个组态信息文件的基础和核心，主要由以下组成。

a. _____ ;

b. _____ ;

c. _____ ;

d. _____ 。

其中主机设置界面分为 _____ 和 _____ 界面，分别完成 _____

_____ 和 _____ 设置。

② 控制站组态主要是控制站结构、系统硬件及控制方案的组态，对控制站组态所作的任何修改，都必须通过离线下载来实现。主要由以下组成。

a. _____ ;

b. _____ ;

c. _____ ;

d. _____ 。

其中 I/O 卡件组态是对 _____ 网络上 I/O 卡件型号及地址进行组态。一块主控制卡的一块数据转发卡下可组 _____ 块 I/O 卡件。I/O 卡件组态分四层。

a. _____ ;

b. _____ ;

c. _____ ;

d. _____ 。

控制方案组态分为常规控制方案组态和自定义控制方案组态，常规控制方案分为以下几种。

a. _____ ;

b. _____ ;

c. _____ ;

d. _____ ;

e. _____ ;

f. _____ ;

g. _____；

h. _____。

③ 操作站组态是对系统监控画面和监控操作进行组态，但是对监控画面的修改可以不用执行下载操作。主要由以下组成。

a. _____；

b. _____；

c. _____；

d. _____；

e. _____；

f. _____；

g. _____；

h. _____；

i. _____。

操作2：工程项目组态的基本操作。

工程项目的文件名：项目1姓名学号。控制系统要求如下。

① 控制系统由5个现场控制站、1个工程师站、9个操作员站组成。现场控制站IP地址为（02～10），工程师站IP地址为130，操作员站IP地址为（131～139）。系统分为1个操作小组-工程师小组。

② JX-300XP的控制系统结构如图8-1所示。

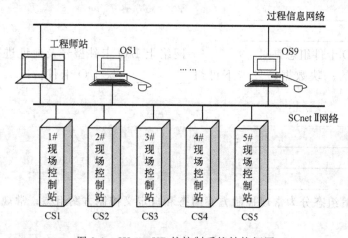

图 8-1　JX-300XP 的控制系统结构框图

工程师组态的初步操作如下。

第一步：系统组态软件登录（创建项目文件）。

双击桌面上组态图标，打开组态软件的文件操作对话框，选择"新建组态"进入工程师组态画面，创建组态文件，形成文件"项目1姓名学号.sck"和文件夹"项目1姓名学号"。完毕后弹出标题为"项目1姓名学号"的系统组态界面，进入该项目的工程师组态环境。

第二步：总体信息组态——主机设置（主控制卡、操作站）。

完成第一步后进入主机设置组态，主机设置目的是确定控制系统的控制站和操作站数量、操作站的操作小组个数、数据分组分区。

点击组态界面上工具栏中点击【主机】命令，弹出主机设置界面。

① 控制站设置是主控制卡类型、冗余等的选择，选择主控制卡类型为 XP 系列，主控制卡组态结果见第 7 章图 7-29，完成下列填空。

XP 系列的主控制卡型号种类分为 _____，本实验装置 JX-300XP DCS 的控制站的主控制卡的型号为 _____。

② 操作站设置组态，根据工程项目的控制要求设计 1 个工程师站、9 个操作员站、1 个通信站和 2 个服务器，操作站组态结果见第 7 章的图 7-30。

③ 待主控制卡（控制站）和操作站组态完毕，点击【退出】回到系统组态界面，进入操作站的操作小组设置和创建数据组的组态。

设置操作小组的意义在于不同的操作小组可观察、设置、修改不同的标准画面、流程图、报表、自定义键等。在组态时选定操作小组后，各操作站组态画面中设定该操作站关心的内容，这些内容可以在不同的操作小组中重复选择。

本项目设置了 1 个操作小组即工程师小组，选择工具栏图标【操作小组】，弹出操作小组对话框，进行操作小组组态设置。

第三步：控制站组态——数据转发卡（机笼）、I/O 卡件、自定义变量、常规控制方案、自定义控制方案。

① 控制站 I/O 组态：从挂接在主控制卡上的数据转发卡（冗余）组态开始，然后 I/O 卡件组态、I/O 点设置组态操作；I/O 点设置组态则是按参数设置、趋势设置、报警设置和分组分区设置的四层操作。

回到系统组态界面，点击组态界面的菜单命令【控制站/IO 组态】或工具栏图标【I/O】，进入控制站 I/O 组态环境，通过 I/O 组态操作界面的整理、增加、删除和退出命令按钮进行系统 I/O 组态操作。根据表 7-2 进行控制站 I/O 组态。

② 系统控制方案组态：完成控制站 I/O 组态后，开始进入系统控制方案组态。控制方案组态分为常规控制方案组态和自定义控制方案组态，JX-300XP 系统支持 8 种常用的典型控制方案。

点击组态操作界面文件命令的【控制站/〈常规控制方案〉】或工具栏相关图标【常规】，即可启动常规控制方案组态环境，通过该对话框进行相关控制方案组态。

第四步：操作站组态——监控画面（总貌画面、趋势画面、控制分组画面、一览画面、流程图画面等）、报表、二次计算等组态。

当总体信息组态的主机设置和操作小组设置，以及控制站组态完成后，进入操作站组态操作过程。

回到系统组态界面，选择已经设置的操作小组，根据工具栏图标或者菜单相关命令，添加总貌画面、控制分组画面、趋势画面、数据一览画面以及流程图画面等一系列操作画面，然后在相应的操作画面组态对话框进行组态操作。这里操作站组态主要是在工程师小组上如何创建各种监控画面。在工程师小组上创建以上监控画面：总貌画面——4页；控制分组画面——9页；一览画面——4页；趋势画面——8页；流程图画面——8页；弹出式流程图画面——8页；报表画面——5页。

第五步：完成所有组态后操作——保存、编译和下载。

再次回到工程组态画面，点击工具栏中的下载图标，或点击菜单命令【总体信息/组态下载】，即可进行组态下载操作。组态下载有两种方式：下载所有组态信息和下载部分组态信息。当用户对系统非常了解或为了某一明确的目的，可采用下载部分组态信息，否则请采用下载所有组态信息。

总之，一个组织有序、分类明确的操作站组态能使控制操作变得更加方便、容易；而一个杂乱的，次序不明的操作站组态则不仅不能很好地协助操作人员完成操作，反而会影响操作的顺利进行，增加麻烦，甚至导致误操作。所以系统操作站组态一定要做到认真、细致、周到。

8.4.3 实验报告

① 指出 JX-300XP 的系统操作和维护主要包括哪些。

② 画出本 DCS 实验基地（JX-300XP）的故障诊断画面的主控制卡、数据转发卡和 I/O 卡件的排列示意图。

③ 写出本 DCS 实验基地（JX-300XP）的所采用 I/O 卡件的名称数量。

④ 根据工程项目"项目1 姓名学号"创建过程，简要叙述 JX-300XP 系统工程师组态的基本操作步骤。

8.5 JX-300XP 系统的工程师组态——工程项目组态详细设计

8.5.1 实验目的

① 通过一个具体工程项目的组态操作，全面掌握 JX-300XP 系统工程师组态实施过程，以及系统组态的各种操作，提高学员对集散控制系统的工程师功能实际操作能力。

② 了解工程项目的设计流程，以及项目设计的前期准备工程设计过程。

③ 掌握基于 JX-300XP 系统的工程项目的组态设计详细过程。

8.5.2 实验内容及操作步骤

（1）第一阶段：工程项目准备阶段

工程项目的文件名：项目2 姓名学号；控制系统要求如下。

① 控制系统由1个现场控制站、1个工程师和8个操作员站组成。其中现场控

制站 IP 地址为（02），工程师站 IP 地址为 130，操作员站 IP 地址为（131～138），操作小组 1 个：加热炉小组的要求见表 8-11。

表 8-11　加热炉小组的监控画面要求

操作小组名称	切换等级	总貌画面	流程图画面	分组画面	趋势画面	一览画面
加热炉小组	工程师	页标题：加热炉控制画面 内容：流程图画面 1 页 趋势画面 1 页 分组画面 1 页 LT101，FI101，TI101，TI102，TI103，PT101，TE104，FT102，TI105，TI106	页标题：加热炉带控制点工艺流程图 内容：流程图画面如图 8-2 所示	页标题：加热炉控制回路 内容：LIC101 PIC101 TIC104 FIC102	页标题：加热炉温度 内容：TI101，TI102，TI103，TE104，TI105，TI106　页标题：加热炉液位和流量 内容：LT101 FI101，FT102	页标题：加热炉数据一览 内容：TI101，TI102 TI103，TE104 TI105，TI106 LT101，FI101 FT102

② 某加热炉的带控制点工艺流程图如图 8-2。

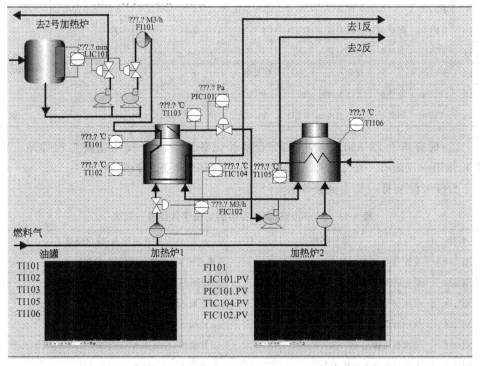

图 8-2　某加热炉的带控制点工艺流程图

③ 加热炉控制系统的 I/O 测点清单见表 8-12。

④ 常规控制方案。加热炉控制系统——储罐液位单回路控制 LIC101；加热炉烟气压力单回路控制 PIC101；加热炉出口温度-进料流量串级控制 TIC104-FIC102。

表 8-12　加热炉控制系统的 I/O 测点清单

＊＊＊＊＊＊ SUPCON 项目名称			测点清单					
合同编号			信号		属性			备注
序号	位号	描述	I/O	类型	量程	单位	报警	
1	LT101	储罐液位	AI	1～5V	0～100	％	√	AI 模拟量输入信号
2	LV1011	液位调节 1	AO	Ⅲ型输出				4～20mA
3	LV1012	液位调节 2	AO	Ⅲ型输出				4～20mA
4	FI101	原料流量	AI	1～5V	0～500	M³/h	√	
5	TI101	加热炉 1 辐温度	RTD	PT100	0～800	℃	√	
6	TI102	加热炉 1 炉膛温度	RTD	PT100	0～600	℃	√	
7	TI103	加热炉 1 烟囱温度	RTD	PT100	0～300	℃	√	RTD 热电阻信号
8	PT101	加热炉烟气压力	AI	1～5V	−100～0	Pa	√	
9	PV101	压力调节	AO	Ⅲ型输出				4～20mA
10	TE104	加热炉 1 出口温度	RTD	PT100	0～600	℃	√	
11	FT102	加热炉 1 燃气流量	AI	1～5V	0～500	m³/h	√	AO 模拟量输出信号
12	FV102	流量调节	AO	Ⅲ型输出				4～20mA
13	TI105	加热炉 2 出口温度	RTD	PT100	0～600	℃	√	
14	TI106	加热炉 2 入口温度	RTD	PT100	0～400	℃	√	

⑤ 现有基于 JX-300XP 系统的综合实验设备为：10 个操作站兼工程师站（在实际使用中只能有一个工程师站下载）；1 个具有两机笼的控制站。

I/O 卡件型号一览表见表 8-13。

表 8-13　JX-300XP 综合实验的系统卡件型号一览表

型号	卡件名称	性能及输入/输出点数
XP243	主控制卡(SCnet Ⅱ)	负责采集、控制和通信等,10Mbps
XP233	数据转发卡	SBUS 总线标准,用于扩展 I/O 单元
XP314	电压信号输入卡	6 路输入,分组隔离,可冗余
XP316	热电阻信号输入卡	4 路输入,点点隔离,可冗余
XP322	模拟信号输出卡	4 路输出,分组隔离,可冗余
XP363	干触点型开关量输入卡	8 路输入,统一隔离
XP362	晶体管触点开关量输出卡	8 路输出,统一隔离
XP000	空卡	I/O 槽位保护板
XP221	电源指示卡	

（2）第二阶段：工程项目的前期设计

170

在进行工程项目的工程师组态过程中，其工程前期设计是根据工程项目设计要求形成规范文档，作为组态设计的依据，主要包括系统规模、测点数目及特性、I/O卡件布置、端子接线、控制要求、流程画面、报表样式、控制室布置设计等。前期工程设计主要分为 6 项工作。

① 根据 JX-300XP 系统综合实验的实际情况，通过工程项目测点清单，选择卡件型号、确定卡件数量，填写表 8-14。

表 8-14　I/O 点数以及卡件清单

信号类型		点数	备用点数	卡件型号	卡件数目
模拟量信号	电流信号				
	电压信号				
	热电偶信号				
	热电阻信号				
	模拟输出信号				
开关量信号	开关量输入信号				
	开关量输出信号				
总计					

② 根据上表 I/O 卡件的数目统计的结果确定控制站的规模，填写表 8-15。

表 8-15　主控卡和数据转发卡清单

	主控卡	数据转发卡
型号		
数量		
配置	□冗余　　□不冗余	□冗余　　□不冗余

③ 根据本 DCS 基地的 I/O 卡件型号、数目和安装位置，设计《I/O 卡件布置图》，填写表 8-16。

表 8-16　I/O 卡件布置图表

1＃机笼 I/O 卡件布置图																		
1	2	3	4	00	01	02	03	04	05	06	07	08	09	10	11	12	13	14	15

2＃机笼 I/O 卡件布置图

1	2	3	4	00	01	02	03	04	05	06	07	08	09	10	11	12	13	14	15
X P 2 2 1	X P 2 2 1																		

④ 根据 I/O 卡件布置图对项目 I/O 测点进行地址分配，形成《I/O 测点配置清单》。填写加热炉 I/O 测点地址和卡件型号表 8-17。

表 8-17　加热炉 I/O 测点地址和卡件型号表

＊＊＊＊＊＊ SUPCON			加热炉测点配置清单					
项目名称								
合同编号			信号		属性		地址	卡件
序号	位号	描述	I/O	类型	量程	单位	xx-xx-xx-xx	型号
1	LT101	储罐液位	AI	1～5V	0～100	％		
2	LV1011	液位调节 1	AO	Ⅲ型输出				
3	LV1012	液位调节 2	AO	Ⅲ型输出				
4	FI101	原料流量	AI	1～5V	0～500	m³/h		
5	TI101	加热炉 1 辐射段温度	RTD	PT100	0～800	℃		
6	TI102	加热炉 1 炉膛温度	RTD	PT100	0～600	℃		
7	TI103	加热炉 1 烟囱温度	RTD	PT100	0～300	℃		
8	PT101	加热炉烟气压力	AI	1～5V	−100～0	Pa		
9	PV101	压力调节	AO	Ⅲ型输出				
10	TE104	加热炉 1 出口温度	RTD	PT100	0～600	℃		
11	FT102	加热炉 1 燃气流量	AI	1～5V	0～500	m³/h		
12	FV102	流量调节	AO	Ⅲ型输出				
13	TI105	加热炉 2 出口温度	RTD	PT100	0～600	℃		
14	TI106	加热炉 2 入口温度	RTD	PT100	0～400	℃		

本实验的工程项目前期工程设计主要完成前面 4 项工作，但是在实际工程设计还须做下面 2 项工作。

⑤ 根据 I/O 地址分配，完成《I/O 端子接线图》，为现场工程实施的信号接线提供依据。

⑥ 工程实施需要设计的其他图纸包括：《DCS 系统接地图》、《DCS 系统设备安装图》、《DCS 安装尺寸图》、《DCS 系统配置图》、《DCS 电缆布线规范》、《DCS 系统供电图》、《外配部分接线图》、《控制室布置图》等。这些图纸为现场工程实施、安装提供重要的依据。

完成前期工程设计的基础上，开始集散控制系统的工程师组态的工程项目组态详细设计过程阶段。

（3）第三阶段：工程师组态的工程项目组态详细设计

工程项目组态设计通过 AdvanTrol-Pro 控制系统组态软件完成，针对 JX-300XP 系统工程师功能组态的 5 个阶段，根据本工程项目的特点，将此工程组态设计过程分为：硬件组态，常规控制方案，操作小组设置，流程图，标准画面。

① 操作 1：硬件组态。根据前期工程设计，完成工程师组态中系统硬件组态——主机设置（主控卡和操作站）；系统 I/O 卡件以及测点信号的参数设置（数据转发卡、I/O 卡件、各测点的参数组态）。

提示：为了防止组态中断等意外情况造成数据丢失，建议在组态设置过程中及时保存文件。

a. 新建组态文件。在硬盘上建立工程项目组态文件"项目 2 姓名学号"，保存文件后进入该项目组态的主界面。

b. 主机设置。由组态主界面点击"主机"按钮或【总体信息】/〈主机设置〉，弹出对话框进行控制站（主控卡）和操作站设置，设置要求见"工程项目要求"。

c. 操作小组设置

根据工程项目要求建立两个操作小组，操作小组的要求见"加热炉小组的监控画面"要求，组态完毕点击保存。

d. 控制站 I/O 卡件设置。点击"I/O"工具按钮或【控制站】/〈I/O 组态〉菜单项，弹出对话框进行数据转发卡、I/O 卡件和 I/O 点参数的设置，根据前期工程设计《I/O 卡件布置图》和《I/O 测点配置清单》，实施 I/O 组态，并且硬件组态内容与实际硬件的型号、位置和要求必须一致。所有 I/O 点组态完毕后，点击退出，返回硬件组态主画面；点击保存命令，保存组态文件。

② 操作 2：常规控制方案组态。根据项目要求，实现的常规控制见"工程项目要求"。点击"常规"命令按钮或【控制站】/〈常规控制方案〉，进行常规控制方案的回路以及回路详细组态，组态完毕点击保存。

③ 操作 3：标准画面组态。根据工程项目要求进行标准画面的组态——趋势画面分组画面、总貌画面和一览画面，组态完毕点击保存。

④ 操作 4：流程图组态。根据工程设计要求绘制带控制点的工艺流程图，具体设置要求如下。

a. 绘制流程图时，根据位号添加动态数据显示。

b. 用动态液位的形式显示储罐液位（LT101）的值。

使用流程图中的静态工具绘制出带控制点的工艺流程图；使用动态数据添加工具，在流程图上各位号位置添加动态数据；组态完毕点击保存。

（4）第四阶段：编译、下载、调试、备份。

① 在组态主画面工具栏上点击"编译"按钮或【总体信息】/〈全体编译〉进行组态编译操作。

② 在组态主画面工具栏上点击"下载"按钮或【总体信息】/〈组态下载〉进行组态下载操作，在将组态内容下载到控制站和操作站时，各种硬件组态的内容必须和控制站的实际硬件一致，否则下载失败。

③ 下载成功后，在现场进行 DCS 的调试。

④ 调试完毕，进行组态文件的备份。

8.5.3　实验报告

① 简要总结工程项目组态的工作流程，画出流程框图。

② 简单叙述在工程项目组态过程中遇到的问题，以及如何解决这些问题的。

9 新型集散控制系统综合与实习

9.1 集散控制系统 PID 参数整定简介

PID 调节器从问世至今已历经了半个多世纪，成为工业过程控制中主要和可靠的技术工具，广泛应用于冶金、化工、电力、轻工和机械等工业过程控制中。即使在微处理技术迅速发展的今天，新型网络化过程控制装置的大部分控制规律都离不开 PID 控制，充分说明 PID 控制依然具有很强的生命力。PID 控制中一个至关重要的问题就是 PID 参数整定（即比例系数、积分时间、微分时间），PID 参数整定的好坏不但会影响到控制质量，而且还会影响到控制器的鲁棒性。

集散控制系统在完成工程项目组态以及相关调试外，投运过程中的首要工作就是对各种控制回路的 PID 参数整定，即配合对象特性，合理地选择 DCS 中数字调节器的各个参数，以求得到最佳的控制质量。正确地进行 PID 参数整定是 DCS 控制回路能否投运的必要条件，是保证优质高产的一项重要工作。集散控制系统的 PID 参数整定与传统常规仪表中的调节器参数整定略有不同，在整定 PID 参数的过程中，可以充分利用 DCS 提供的各种辅助手段，如实时趋势的应用、输出阀位限制、参数自整定等，这些是常规仪表的调节器参数整定无法比拟的，也使 DCS 中的 PID 参数整定更容易，便于找出最佳 PID 值。这里简要介绍 DCS 中 PID 参数整定的基本方法以及整定技巧。

9.1.1 集散控制系统的 PID 正反作用确定和控制回路投运

一旦 DCS 的工程师项目组态完毕进入调试阶段，控制回路的投运和 PID 参数整定则成为关键。DCS 的 PID 正反作用确定是在 DCS 控制站组态的控制方案组态进行，选择的原则是保证闭环控制系统为负反馈，即 $K_O \cdot K_V \cdot K_C > 0$。

① 调节对象 K_O：阀门、执行器开大，测量值 PV 增加，则 $K_O > 0$；反之 $K_O < 0$。

② 调节阀门 K_V：阀门正作用（气开、电开），则 $K_V > 0$，阀门反作用（气关、电关），则 $K_V < 0$；K_O，K_V 的正负由工艺对象和生产安全决定，根据 K_O，K_V 的正负和 $K_O \cdot K_V \cdot K_C > 0$，确定 K_C 的正负。

③ PID 控制器 K_C：若 $K_C > 0$，则控制器为反作用；若 $K_C < 0$，则控制器为正作用。

控制回路投运过程中，应保证各工段的平稳运行，主要参数不能出现较大的波动、辅助设备的压力、液位、温度等参数也不能出现影响装置正常运行的过大波动，首次投入时所属工况应尽量调至相对稳定状态。具体注意事项如下。

①所有控制回路的组态在线调试之前应经过严格测试。若组态内容发生改动，在投入自动前应仔细检查各个输入/输出信号流向及逻辑的正确性，信号切换部分要注意切换逻辑的时序问题。组态应做到自动回路至现场的出口有可做人工干预的简单逻辑部分，当组态错误则可人工停止自动回路对现场的作用。

②投自动时可先将 PID 模块的比例带、积分时间的数值放大，将 PID 模块输出上、下限放至 PID 模块当前跟踪输出值附近的一个可允许变动范围内，将 PID 模块输出变化率放小。投入自动后，观察 PID 模块的动作方向是否正确，PID 模块输入偏差的变化是否在正常范围之内，确认后再将 PID 模块的几种输出限制相继放开，恢复其正常作用，然后根据调节品质整定 PID 模块各项的参数。

总之，在 DCS 的 PID 参数整定之前，要保证测量准确、阀门动作灵活；同时整定参数过程中要求用户工艺操作密切注意生产运行状况，确保安全生产。在整定 PID 参数时，原则是先投自动后串级；先投副环后主环；副环粗，主环细。DCS 的 PID 参数整定是通过 DCS 操作站上的 PID 控制器调整画面或窗口，改变给定值 SV 或输出值 MV，给出一个工艺允许的阶跃信号，观察测量值 PV 变化以及趋势曲线，不断修改 PID 参数，直至平稳控制。

9.1.2 基于集散控制系统的 PID 参数整定方法和技巧

DCS 的 PID 参数整定通常使用工程整定方法，即经验试凑法、衰减曲线法和临界比例度法。除了上述的三种 PID 参数工程整定方法外，在实际应用过程中的经验 PID 参数整定参数预置。

（1）经验 PID 参数整定参数预置

针对介质为流体（气体、液体），经验 PID 参数整定参数预置在工程师项目组态中设置好，到现场再进行细调或不调。

① 流量调节（F）：一般情况 $P=120\%\sim200\%$，$I=50\sim100s$，$D=0s$；防喘振系统 $P=120\%\sim200\%$，$I=20\sim40s$，$D=15\sim40s$。

② 压力调节（P）：一般情况 $P=120\%\sim180\%$，$I=50\sim100s$，$D=0s$；放空系统 $P=80\%\sim160\%$，$I=20\sim60s$，$D=15\sim40s$。

③ 液位调节（L）：大容器（直径 4m、高 2m 以上塔罐）$P=80\%\sim120\%$，$I=200\sim900s$，$D=0s$；中容器（直径 $2\sim4m$、高 $1.5\sim2m$ 塔罐）$P=100\%\sim160\%$，$I=80\sim400s$，$D=0s$；小容器（直径 2m、高 1.5m 以下塔罐）$P=120\%\sim300\%$，$I=60\sim200s$，$D=0s$。

④ 温度调节（T）：一般 $P=120\%\sim260\%$，$I=50\sim200s$，$D=20\sim60s$。

以上参数只是经验所得。有时，当控制系统工艺对象或者阀门（定位器）存在问题时，也能通过改变PID参数予以克服。

（2）经验试凑法

经验试凑法是应用最广泛的整定方法，通过参数预先设置和反复试凑实现。先把PID参数放在基本合适的经验值上（经验值范围大致如表9-1所示），然后根据曲线调整参数。

表9-1　PID参数经验值

项　　目	比例度 $P\%$	积分时间 T_i/min	微分时间 T_d/min	说　　明
流量	40～100	0.1～1		对象时间常数小，有杂散扰动，P较大，T_i较短，不必微分
压力	30～70	0.4～3		对象滞后不大，P较小，T_i略大，不必微分
液位	20～80	1～5		P较小，T_i较大，要求不高可以不要积分，不必微分
温度	20～60	3～10	0.5～3	对象多容量，滞后较大，P较小，T_i较大，加微分作用

从调整画面观察偏差（PV-SP）产生时PID输出幅度是否偏大或偏小。如偏小，需减小比例度；如偏大，则增大比例度。调整比例度后观察偏差产生时PID输出幅度曲线，如果PV值在目前的PID输出作用下在SP值上下振荡，不能消除偏差，则需调整减小积分时间 T_i，增强积分作用，消除偏差。但是调整积分时间时，如果积分作用过强使PID输出不容易稳定，易发生振荡现象。如果是温度调节，为减小温度的滞后

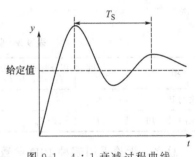

图9-1　4:1衰减过程曲线

作用，利用微分作用进行提前调节（可根据具体滞后情况进行调整）。

（3）衰减曲线法

衰减曲线法就是先按经验法设置纯比例作用（切断积分和微分作用）得出4:1衰减过程，记下此时的比例带 P_S 和衰减振荡周期 T_S，如图9-1所示，再按表9-2衰减曲线法的经验公式，计算出PID各项数值。

采用衰减曲线法进行PID参数整定时需注意如下几点。

① 所加给定干扰不能太大，需根据生产操作要求来定，一般在5%左右。

② 在工艺参数稳定情况下才能加给定干扰，否则得不到正确的衰减比例和衰减周期。

③ 对被控参数（如流量、管道压力和容器小的液面调节等）反应快的系统，当严格得到4:1衰减曲线困难情况下，可以通过趋势曲线的被调参数来回波动两次达到稳定就近似地认为是4:1衰减过程。

表 9-2　衰减曲线法经验公式

项　目	比例度 $P\%$	积分时间 T_i/min	微分时间 T_d/min	项　目	比例度 $P\%$	积分时间 T_i/min	微分时间 T_d/min
比例 P	P_S			比例积分微分 PID	$0.8P_S$	$0.3T_S$	$0.1T_S$
比例积分 PI	$12P_S$	$0.5T_S$					

（4）临界比例度法

临界比例度法采用纯比例将系统投入自动，此时积分时间最大，微分时间最小（0）。加入阶跃干扰后，从大到小逐渐减少比例度，使系统得到一个临界的振荡过程（等幅振荡，衰减比为 1：1），如图 9-2 所示，记下此时的临界比例度 P_K，从趋势曲线上求出临界振荡周期 T_K，根据表 9-3 的经验公式确定 PID 参数。在使用临界比例法整定 PID 参数时，容易导致控制阀全开或全关，造成所控制的工艺参数出现振荡，对生产平稳操作不利；此外对纯滞后时间和时间常数较大的对象，会使临界比例度比较难找，所以，使用时要特别注意。

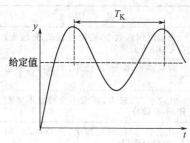

图 9-2　等幅振荡过程曲线

表 9-3　临界比例度法的经验公式

项　目	比例度 $P\%$	积分时间 T_i/min	微分时间 T_d/min	项　目	比例度 $P\%$	积分时间 T_i/min	微分时间 T_d/min
比例 P	$2P_K$			比例微分 PD	$1.8P_K$		$0.1T_K$
比例积分 PI	$2.2P_K$	$0.85T_K$		比例积分微分 PID	$1.7P_K$	$0.5T_K$	$0.125T_K$

总之，无论采用哪种 PID 参数整定方法，整定完毕后须观察，反复整定至满足工艺要求为止。三张表格中参数整定经验值的比例参数以比例度的形式给出，在实际应用过程中，根据不同的 DCS，有时需要进行比例度-放大系数（P-K）的转化。

（5）基于 DCS 的 PID 参数整定的辅助手段

DCS 为 PID 参数整定提供了很多辅助手段，例如实时趋势画面、输出阀位限制等，这些手段是常规调节器参数整定无法比拟的，从而使 DCS 的 PID 参数整定更容易，易于找出 PID 的最佳整定值。

DCS 提供趋势画面或窗口，通过将不同参数、不同数值（测量值、给定值或输出值）的实时曲线（每个画面或窗口最多显示 8 条曲线）放在同一趋势画面或窗口中监视生产工况或 PID 参数整定。当一个控制回路的 PID 参数设置完成后，一般都要做出一组与之相关的实时趋势（时间范围可选 20min），并且在做测量值和给定值的趋势时，把其趋势量程设置为较小的数值，以便观看趋势变化情况，不断改变 PID 参数，判断 PID 参数整定的好坏。

针对一些控制回路的特点，在进行 PID 参数整定时，有时由于 PID 参数设置的不合适，会造成控制阀的全开或全关，但是正常平稳生产是不允许出现如此现象的，因此，对这些控制回路 PID 参数整定时，有必要对其输出量程的上下限进行限制，使其在一定范围内工作（不使其全开或全关）。

PID 参数整定关系到自动调节的好坏，如果控制回路的 PID 参数整定得不好，就会降低自动调节的质量，因而不能严格保持工艺生产条件，造成产品在质量及数量上的损失。对于不同的工艺及设备条件的控制回路有着不同的要求，所采取的调节规律也应不同。如果控制要求不高，通常取消积分和微分作用，特别是微分作用，一般只在温度调节系统中使用。但不管使用何种 PID 参数整定方法，最终都要把参数整定为最佳，而且不影响正常生产。

9.2 过程控制与自动化综合实验

随着现代化工业的发展，自动化控制系统已经普遍应用于工业生产的各个领域。现代工业对生产稳定性与安全性要求的不断提高，工厂自动化所涉及的领域已从简单的回路、单元设备控制发展至全厂综合自动化系统。控制仪表与自动化装置已从电动单元组合仪表、智能数字仪表、DDC（直接数字控制）、PLC（可编程控制器）发展到 DCS（集散控制系统）、FCS（现场总线控制系统）、EPA（工业以太网）等以计算机网络为基础的自动化系统。控制技术也从单参数的常规控制，发展为多变量复杂控制、先进控制、优化控制直至全厂操作运行系统（MES）、企业资源管理系统（ERP）。

面对自动化技术的高速发展和市场经济的日益完善，在自动化专业人才的培养上，应更加注重其自动化综合能力、工程能力、实践能力的培养。为此建立了集控制对象、先进控制装置、信息管理为一体的过程控制及自动化综合实验，其结构体系如图 9-3 所示，由对象层、控制层和操作监控层组成。对象层由 4 套实验装置作为被控对象，以及相关的检测仪表与执行机构；控制层主要包括常规仪表（智能数字仪表）和 DCS（JX-300XP）控制系统；管理层是建立在 Internet 上的管理系统，以便教师或实验管理人员对实验装置进行监控。

9.2.1 基于常规控制的自动化综合实验

基于常规控制的自动化实验结构体系如图 9-4 所示。过程控制实验装置均采用常规检测仪表与执行机构，输入输出均为标准的 1～5VDC 和 4～20mA 直流信号。下面分别对四套实验装置进行介绍。

（1）压力系统实验装置及工艺参数

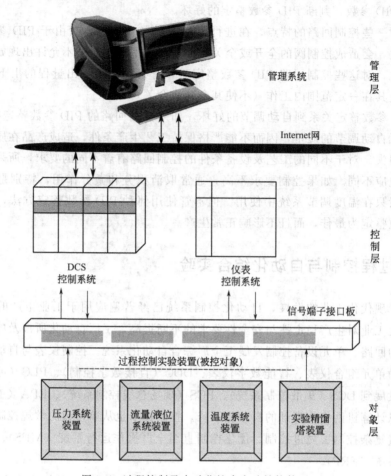

图 9-3　过程控制及自动化综合实验结构体系

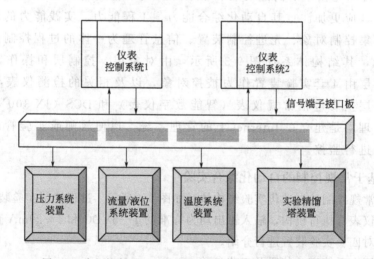

图 9-4　常规控制的过程控制及自动化综合实验结构体系

180

压力系统实验装置是有三个有一定气阻与气容所构成的高阶压力对象组成,其中一个有一定气阻与气容的压力对象构成一阶特性对象,要获得三阶特性的压力对象,则需要用三个这样的压力对象串联起来,如图9-5所示。

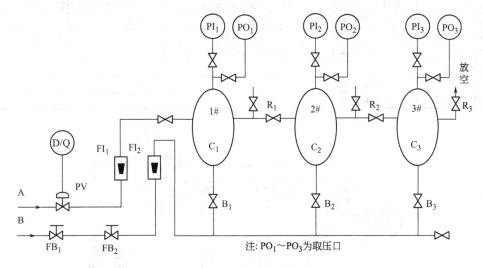

图 9-5　压力系统实验装置

压力对象的压缩空气取自实验室气源总管 (0.5MPa),经过滤减压力为 0.3MPa 的稳压气源后分成 A、B 两路。A 路作为控制通道,压缩空气经调节阀 PV、转子流量计 FI1 进入 $1^{\#}$ 气罐,经由 $C_1 \rightarrow R_1 \rightarrow C_2 \rightarrow R_2 \rightarrow C_3 \rightarrow R_3$ 后放空。

对象的时间常数由 C_1、R_1;C_2、R_2;C_3、R_3 来决定,由于气容不可变,可由 R_1、R_2、R_3 的阀门来改变控制对象的特性。手动操作调节阀 PV 开度为 50% 时,反复调整 R_1、R_2、R_3 的阀门使压力指示表 PI_1 为 0.1MPa,压力指示表 PI_2 为 0.075MPa,压力指示表 PI_3 为 0.05MPa。一旦确定好 R_1、R_2、R_3 的阀门的开度,对象的特性也就确定了,实验中不能再改变。

B 路作为干扰通道,它经干扰手动阀 FB_1 和 FB_2、转子流量计 FI_2 后,由手动截止阀 B_1、B_2、B_3 的组合使用,分别进入 $1^{\#}$、$2^{\#}$、$3^{\#}$ 的气罐中,从而实现干扰从不同位置加入到控制对象中,以观察引入干扰位置的不同对控制质量的影响。

压力参数为:PT_1 0~0.16MPa;PT_3 0~0.1MPa。压力系统装置所用仪表见表9-4。

(2) 液位/流量系统实验装置及工艺参数

液位/流量系统实验装置如图9-6所示,两路完全相同的循环水由泵抽水经玻璃转子流量计 FI_1(FI_2)、环室孔板 FE_1(FE_2) 后,分别进入 $1^{\#}$、$2^{\#}$、$3^{\#}$ 水槽,水槽中的水再汇集到集水箱。绿色按钮 PA(PB) 为水泵启动按钮,红色按钮 PA(PB) 为水泵停止按钮。

表 9-4　检测仪表、执行机构及其他

位　号	名　称	型号规格	数　量	备　注
PT$_1$	智能压力变送器	EJA-430A0~0.1MPa	1	输出信号引线红"＋"蓝"－"
PT$_2$	智能压力变送器	EJA-430A0~0.2MPa	1	输出信号引线红"＋"蓝"－"
PY	电气转换器	QZD-2000	1	输入信号引线红"＋"蓝"－"
PV	气动薄膜调节阀	ZMBP-100K	1	已与电气转换器接好
FI$_1$,FI$_2$	玻璃转子流量计	LZJ-15 0~251L/h	2	
FB$_1$,FB$_2$	手动阀			
B$_1$,B$_2$,B$_3$	手动截止阀		3	
PI$_1$,PI$_2$,PI$_3$	压力指示表		3	

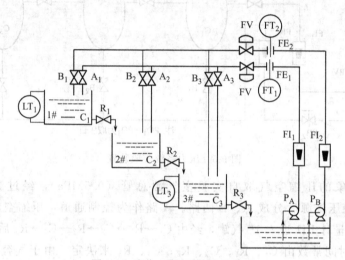

图 9-6　液位/流量系统实验装置

当作为流量实验装置时，R$_7$、R$_8$、R$_9$ 的开度要最大，避免 1$^\#$、2$^\#$、3$^\#$ 水槽中水溢出。水路是否经过 1$^\#$、2$^\#$、3$^\#$ 水槽由 R$_1$、R$_2$、R$_3$、R$_4$、R$_5$、R$_6$ 决定，如当水经 1$^\#$ →2$^\#$ →3$^\#$ 水槽时，R$_1$、R$_2$ 打开，R$_3$、R$_4$、R$_5$、R$_6$ 关闭。

当作为液位实验装置时，按下泵 P$_A$(P$_B$) 启动（绿色）按钮，循环水经玻璃转子流量计 FI$_1$(FI$_2$)、环室孔板 FE$_1$(FE$_2$) 后，分别进入 1$^\#$、2$^\#$、3$^\#$ 水槽，水槽中的水汇集到集水箱而循环使用。按下红色按钮，泵 P$_A$(P$_B$) 即停止工作。分别调节手动阀 A$_1$ 与 B$_1$、A$_2$ 与 B$_2$、A$_3$ 与 B$_3$ 使循环水进入 1$^\#$、2$^\#$、3$^\#$ 水槽。

另外，1$^\#$ 水槽与 R$_7$、2$^\#$ 水槽与 R$_8$、3$^\#$ 水槽与 R$_9$ 可分别组成一阶液位系统，也可串联组成三阶液位系统。当 R$_7$、R$_8$、R$_9$ 的适当开度决定液位系统的特性。该装置还可以组成流量、液位的多参数系统。

液位、流量工艺参数为：LT10~10kPa；LT30~10kPa。FT10~1200L/h。FT2：0~1200L/h。液位/流量系统装置所用仪表见表 9-5。

（3）温度系统实验装置及工艺参数

温度控制实验装置如图 9-7 所示。由电加热棒产生一定温度的热水，经热水泵加

表 9-5　检测仪表、执行机构及其他

位　号	名　称	型号规格	数量	备　注
FE$_1$,FE$_2$	环室孔板		2	流量：0～1200L/h
FT$_1$	智能差压变送器	EJA-110A　0～60MPa	1	与 FE$_1$ 配用流量范围 0～1200L/h
FT$_2$	智能差压变送器	EJA-110A　0～60MPa	1	与 FE$_2$ 配用流量范围 0～1200L/h
LT$_1$,LT$_3$	智能差压变送器	EJA-110A　0～10kPa	2	液位检测
FY	电气转换器	QZD-1000	2	
FV	气动薄膜调节阀	ZMAY-64B	2	气闭阀
FI$_1$,FI$_2$	玻璃转子流量计	LZJ-15 0～251L/h	2	
A$_1$,A$_2$,A$_3$	手动阀			
B$_1$,B$_2$,B$_3$	手动阀			

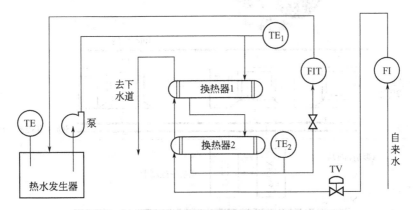

图 9-7　温度系统实验装置

压先后进入换热器 1 和换热器 2 的壳程，与冷却水进行热交换后，经电远传转子流量计 FIT 回到热水发生器循环使用。冷却水为自来水，由玻璃转子流量计 FI 指示，经调节阀 TV 进入换热器 2 和换热器 1 的管程，与热水进行热交换后排入下水道。TE$_1$、TE$_2$ 分别为进出换热器热水的温度检测元件，TE 为热水发生器的温度检测元件。阀门 R 控制热水流量，可作为干扰源，气动薄膜调节阀 PV 控制冷却水流量。

工艺参数由温度控制器设定热水 90℃，冷却水常温（随气温变化），热水流量调整到 80L/h，冷却水流量先手动调整为 100L/h。其中流量参数为：FIT0～100L/H；FI0～250L/H。温度参数为：TE$_1$ 0～150℃；TE$_2$ 0～100℃。温度系统装置所用仪表见表 9-6。

表 9-6　检测仪表、执行机构及其他

位　号	名　称	型号规格	数量	备　注
TE$_1$,TE$_2$	热电阻	WZR-300,Pt100	2	
TT$_1$,TT$_2$	温度变送器	ITE-5242,0～100℃Pt100	2	
TY	电气转换器	QZD-2000	1	
TV	气动薄膜调节阀	ZMAY-64B	2	气闭阀
FI	玻璃转子流量计	LZJ-15 0～251L/h	2	
FIT	电远传转子流量计	FI250,0～100L/h	1	

9.2.2 基于集散控制系统的过程控制及自动化综合实验

基于 DCS 的自动化综合实验结构体系如图 9-8 所示，以 JX-300XP 系统为主线，包括 4 套过程控制实验装置作为控制对象，构成小型化的工业自动化系统。该实验室的工程化概念突出，主要完成 DCS 系统教学以及基于 DCS 的控制方法实验教学与研究，同时，可以面向流程工业企业的技术人员和操作人员，进行 DCS 系统的教学与培训。

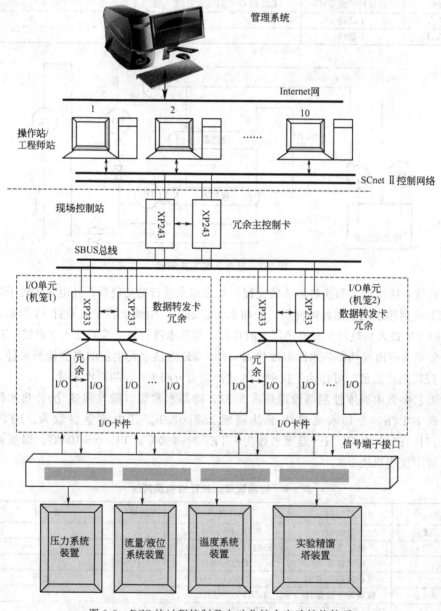

图 9-8　DCS 的过程控制及自动化综合实验结构体系

基于 JX-300XP 集散控制系统的自动化综合实验室由一套 JX-300XP DCS 装置、4 套过程控制实验装置（压力系统、流量/液位系统、温度系统和精馏塔系统）以及其他检测仪表和执行机构等构成。JX-300XP 系统采用基本组成：1 个控制站、10 个操作站兼工程师站（在实际使用中只能有一个工程师站下载），通过通信网络将组态信息传送到工程师站后，再下载到控制站并进行实时监控。

　　JX-300XP DCS 控制站采用两个机笼，分别由主控制卡、数据转发卡、I/O 卡件、供电单元等构成，系统卡件按一定规则组合在一起，完成信号采集、信号处理、信号输出、控制、计算、通信等功能，实现全数字化的数据传输和信息处理。主控制卡是控制站的核心，必须插在机笼最左端的两个槽位，而数据转发卡是每个机笼必配的卡件，用户根据需要对卡件选择全冗余、部分冗余或不冗余方式。在保证系统可靠、灵活的基础上可降低系统费用。实验室的控制站系统卡件一览见表 8-13，系统卡件在机笼的位置分布图见图 9-9。

1#机笼 I/O 卡件布置图

1	2	3	4	00	01	02	03	04	05	06	07	08	09	10	11	12	13	14	15
X	X	X	X	X	X	X	X	X	X	X	X	X	X	X	X	X	X	X	X
P	P	P	P	P	P	P	P	P	P	P	P	P	P	P	P	P	P	P	P
2	2	2	2	3	3	3	3	3	3	3	3	3	3	3	0	0	0	3	3
4	4	3	3	1	1	1	1	1	1	1	1	1	1	1	0	0	0	1	1
3	3	3	3	4	4	4	4	4	4	4	4	4	4	4	0	0	0	6	6

2#机笼 I/O 卡件布置图

1	2	3	4	00	01	02	03	04	05	06	07	08	09	10	11	12	13	14	15
X	X	X	X	X	X	X	X	X	X	X	X	X	X	X	X	X	X	X	X
P	P	P	P	P	P	P	P	P	P	P	P	P	P	P	P	P	P	P	P
2	2	2	2	3	3	3	3	3	3	3	3	3	3	3	3	3	3	0	0
2	2	3	3	1	1	1	2	2	2	2	2	2	2	2	3	2	2	0	0
1	1	3	3	6	6	6	2	2	2	2	2	2	2	2	2	2	2	0	0

图 9-9　机笼中的系统卡件位置分布图

9.3　基于集散控制系统的过程控制及自动化综合设计与实习

　　基于 DCS 的自动化综合实验室，是以过程控制装置为控制对象，控制系统采用浙江中控的 WebField JX-300XP DCS，通过工程师站、操作站、现场控制站、现场仪表及通信网络设备，构建了一个高性能的集中管理、分散控制系统。基于 DCS 的过程控制及自动化综合实习就是在这个平台上完成对整个过程控制装置的工程师组态、全过程监控操作以及过程控制的 PID 参数整定等内容，使学员掌握集散控制系统工程项目设计技术的基本流程和设计理念，进一步加深对自动化技术掌握，提高解决工程实际问题的能力，对学员综合实践能力培养至关重要。

9.3.1 实习之一：工程师组态前准备工作

① 控制系统构成：确定控制系统的控制站、操作站/工程师站的数量、IP 地址；确定系统中操作小组分布情况；画出 DCS 系统构成结构分布图。

② 填写控制系统测点清单表：确定检测点位号、I/O 信号类型、量程、卡件类型、信号点地址、报警状态、工程单位并作相应的位号描述。

③ 根据控制之内的机笼以及机笼内卡件的位置和数量，绘制现场控制站的卡件布置图，在相应的卡件槽位中注明使用卡件的类型以及完成"过程控制实验装置的控制系统测点清单"的表格填写（如表 9-7 所示）。

④ 确定控制系统中采用的控制方案以及与控制系统连接。

⑤ 根据第 8 章"新型集散控制系统实验与设计"的过控制实验装置（压力系统、液位/流量系统以及温度系统）工艺流程图，确定 DCS 控制系统流程图初稿。

表 9-7 过程控制实验装置的控制系统测点清单

＊＊＊＊＊＊ SUPCON			测点配置清单					
项目名称								
合同编号			信号		属性		地址	卡件
序号	位号	描述	I/O	类型	量程	单位		型号
1								
2								
3								

9.3.2 实习之二：过程控制实验装置的工程师组态设计

根据 9.3.1 节的内容，进行基于 JX-300XP DCS 的工程师组态工程项目设计，组态流程如图 9-10 所示，有关组态操作过程见产品篇第 7 章内容。

9.3.3 实习之三：基于 DCS 的过程控制系统的研究

基于 DCS 过程控制实验装置的常规控制系统的研究内容如下。

（1）过程控制系统组成的认识

基于过控制实验装置——压力系统、液位/流量系统以及温度系统的过程控制系统组成以及现场仪表结构组成的认识。

基于 DCS 的各种控制方案组成与控制系统连接的认识。

（2）被控对象特性测试研究

基于压力系统的广义对象动态特性的测试（三阶对象）。

单容水箱液位对象动态特性的测试。

多容水箱液位对象动态特性的测试。

换热器出口温度对象动态特性的测试。

（3）单回路控制系统的研究

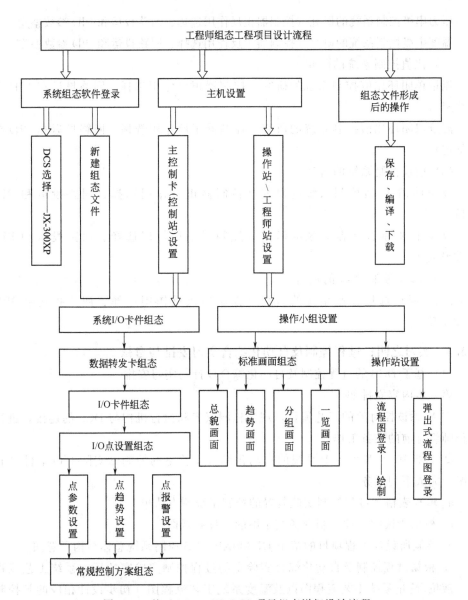

图 9-10　基于 JX-300XP DCS 项目组态详细设计流程

单回路压力控制系统的研究（控制器正反作用选择、回路投运和 PID 参数整定）。

单回路液位控制系统的研究（控制器正反作用选择、回路投运和 PID 参数整定）。

单回路温度控制系统的研究（控制器正反作用选择、回路投运和 PID 参数整定）。

（4）串级控制系统的研究

压力串级控制系统的研究（控制器正反作用选择、回路投运和 PID 参数整定）。

温度串级控制系统的研究（控制器正反作用选择、回路投运和 PID 参数整定）。

（5）比值控制系统的研究

流量单闭环比值控制系统的研究（控制器正反作用选择、回路投运和 PID 参数整定）。

流量双闭环比值控制系统的研究（控制器正反作用选择、回路投运和 PID 参数整定）。

（6）前馈控制系统的研究

液位前馈-反馈控制系统的研究（控制器正反作用选择、回路投运和 PID 参数整定）。

温度串级-前馈控制系统的研究（控制器正反作用选择、回路投运和 PID 参数整定）。

（7）选择控制系统的研究

液位-流量选择控制系统的研究（控制器正反作用选择、回路投运和 PID 参数整定）。

9.3.4 实习之四：过程控制及自动化综合实习安排与考核

（1）基于 DCS 的过程控制及自动化综合设计与实习安排

第一步内容安排如下。

① 熟悉被控对象的工艺流程，现场检测仪表和执行机构与 DCS 的连接，进行工程师组态前的准备工作。

② 根据基于 JX-300XP 系统的自动化综合实验室的控制站实际 I/O 卡件分布情况，完成下列任务。

a. 填写表格"过程控制实验装置的控制系统测点清单"。

b. 根据所选的卡件绘制现场控制站的卡件布置图。

c. 绘制所设计工程项目的基于 JX-300XP DCS 控制系统总体结构示意图。

③ 根据过程控制及自动化综合实验室的过程控制实验室的压力系统工艺流程图、液位/流量系统工艺流程图以及温度系统工艺流程图，初步设计相应的带控制点工艺装置流程图。

第二步内容安排如下。

① 工程师组态组态前工作结束后，开始基于 JX-300XP DCS 的工程师组态项目设计，整个组态操作流程如图 9-10 所示。

② 项目组态详细设计之一：系统组态软件登录以及建立项目文件。

③ 项目组态详细设计之二：主机设置。

④ 项目组态详细设计之三：控制站组态。

⑤ 项目组态详细设计之四：操作站组态——带控制点工艺装置流程图绘制。

第三步内容安排如下。

① 继续操作站组态，完成报警一览、系统总貌、数据一览、控制分组、趋势图、调整画面、报表等制作。

② 工程师组态项目文件形成后，首先对设计的组态文件进行离线下载，检查设计的项目组态文件正确性。

③ 在线下载项目组态文件。注意：在实际应用过程中只能有一个工程师站将组态文件下载到现场控制站。

第四步内容安排如下。

① 相关工艺设备运行与操作，包括 DCS 与现场仪表的接线。

② 根据"基于 DCS 的过程控制实验装置的常规控制系统研究内容"选择其中若干项进行过程控制及自动化综合研究，主要完成：控制器正反作用的选择、控制回路投运以及 PID 参数整定。

③ 现场运行考核。

（2）DCS 综合实习考核

① 上机下载、控制回路投运以及 PID 参数整定，并针对所做的内容进行讲解。

② 提交过程控制工程项目组态软件和实习报告。

参 考 文 献

[1] 刘翠玲，黄建兵. 集散控制系统. 北京：中国林业出版社，2006.

[2] 赵众，冯晓东，孙康等. 集散控制系统原理及其应用. 北京：电子工业出版社，2007.

[3] 孙德辉，史运涛，李志军等. 网络化控制系统——理论、技术及工程应用. 北京：国防工业出版社，2008.

[4] 曲丽萍. 集散控制系统及其应用实例. 北京：化学工业出版社，2007.

[5] 刘国海等. 集散控制与现场总线. 北京：机械工业出版社，2006.

[6] 何衍庆，俞金寿. 集散控制系统原理及应用. 北京：化学工业出版社，2003.

[7] 韩兵，于飞. 现场总线控制系统应用实例. 北京：化学工业出版社，2006.

[8] 陈在平，岳有军. 工业控制网络与现场总线技术. 北京：机械工业出版社，2006.

[9] 赵瑾. CENTUM CS1000 集散控制系统. 北京：化学工业出版社，2001.

[10] WebField JX-300XP 系统硬件使用手册. 浙江：浙江中控技术股份有限公司，2005.

[11] AdvanTrol-Pro 系统软件用户使用手册 [M]. 浙江：浙江中控技术股份有限公司，2005.

[12] AdvanTrol-Pro V2.50 新增功能用户使用手册 [M]. 浙江：浙江中控技术股份有限公司，2005.

[13] 翁维勤，孙洪程. 过程控制系统及工程. 第 2 版. 北京：化学工业出版社，2002.

[14] 王树青，戴连奎，于玲. 过程控制工程. 第 2 版. 化学工业出版社，2008.

[15] 俞金寿，蒋慰孙. 过程控制工程. 第 3 版. 北京：电子工业出版社，2007.

[16] 陈锦，杨轶. 集散控制系统的发展趋势展望. 化工生产与技术，2007，14 (2)：44-47.

[17] 周双印. DCS 集散型控制系统及工业控制技术的最新进展. 导弹与航天运载技术，2003 (3)：57-62.

[18] 赵贵玉，李波. DCS 控制技术在生产过程控制领域中的应用. 黑龙江水利科技，2007，35 (2)：169-170.

[19] 白建云. 从集散控制系统到现场总线控制系统. 电力学报，2006，21 (1)：16-19.

[20] 张士超，仪垂杰，郭健翔等. 集散控制系统的发展及应用现状. 微计算机信息 (测控自动化)，2007，23 (1-1)：94-96.

[21] 常慧玲，杨云岗. 集散控制系统的应用现状及发展方向. 山西冶金，2006，(1)：10-12.

[22] 陈利军，郭艳玲. 集散控制系统的最新技术特点与展望. 工业仪表与自动化装置，2006，(5)：13-16，37.

[23] 邢建春，杨启亮，王平. 新技术形势下 DCS 的发展对策. 自动化仪表，2003，24 (1)：1-4.

[24] 冯冬芹，金建祥，褚健. Ethernet 与工业控制网络. 仪器仪表学报，2003，24 (1)：23-26，35.

[25] 陈积明，王智，孙优贤. 工业以太网的研究现状及展望. 化工自动化及仪表，2001，28 (6)：1-4.

[26] 朱祖涛. 智能化仪表及现场总线技术在 DCS 中的发展和创新. 上海电力学院学报，2003，19 (2)：11-14.

[27] 佟为明，陈培友，刘勇. 以太网在工业领域的应用. 电气应用，2005，24 (10).

[28] 吴新忠，乔宏颖，任子晖. 现场总线技术综述. 工矿自动化，2004，(1)：127-131.

[29] 凌志浩，吴勤勤. 现场总线技术的现状与展望. 电气时代，2004，(7)：76-79.

[30] 龚成龙，丁兆奎. 集散控制与现场控制的比较及对 FCS 技术的展望. 淮海工学院学报，2000，9 (3)：29-32.

[31] 夏继强，邢春香，耿春明等. 工业现场总线技术的新进展. 北京航空航天大学学报，2004，30 (4)：358-362.

[32] 毛忠国，杨超. 从控制角度谈 PLC、DCS 及 FCS 三大系统的差异. 宁夏电力，2007，(S2)：103-105.

[33] 汤媛. PLC、DCS 与现场总线控制系统的关系. 石油化工建设，2005，27 (4)：58-60，63.

[34] 赵瑾，申忠宇，网络过程控制系统的最新进展. 电气自动化，2003，25 (1)：8-12.

[35] 申忠宇，赵瑾. 一种新型集散控制系统功能——系统测试. 工业仪表与自动化装置，2003，3：39-41.

[36]　申忠宇，赵瑾. 基于 MCGS 水环境生态修复实时监控系统的设计. 微计算机信息，2007，22（23）：105-107.

[37]　申忠宇，赵瑾，孙冀等. S7-300 PLC 实现水环境生态修复系统实时监测与控制. 南京师范大学学报（工程技术版），2005，5（3）：20-23，75.

[38]　申忠宇，陈明. 可编程调节器在电厂锅炉控制系统改造中的应用. 南京师范大学学报（工程技术版），2003，03（01），51-53.

[39]　赵瑾，申忠宇. 可编程控制器在码头起重机控制系统中的应用. 自动化仪表，2002，23（5）：40-43.

[40]　申忠宇. 可编程控制器在中央空调恒压供水系统中的节能应用. 南京师范大学学报（工程技术版），2001，03（01），30-33（47）.

[41]　傅雷，戴冠中. 基于以太网的异构网络化控制系统设计. 计算机测量与控制，2005，13（11）：1253-1256，1262.

[42]　唐春成，李颖. 基于以太网的过程控制系统研究. 仪表技术，2007，（8）：10-12.

[43]　刘国平，李驹光，聂雪等. 基于以太网的现场网络化控制系统. 吉林大学学报（信息科学版），2004，22（4）：444-448.

[44]　胡智敏. DCS 的安装与维护. 氯碱工业，2007，（S6）：84-88.

[45]　牛昱光，李斌，谢克明. DCS 教学实验系统的实现. 太原理工大学学报，2004，35（5）：584-586.

[46]　张琴. DCS 系统的功能特点及采购方式. 工业控制计算机，2007，20（10）：74-75.

[47]　侯秀云，韩仰健. DCS 应用中常见的干扰及抑制措施. 中国氯碱，2007，（11）：27-28 .

[48]　赵艳. DCS 中 PID 参数整定技巧. 氯碱工业，2005，（6）：43-45.

[49]　王亚民. DCS 组态软件实现方法研究. 测控技术，2005，24（9）：46-49.

[50]　赵东升. 常见 DCS 通讯网络的结构特点及其比较. 热点技术，2006，（4）：47-49.

[51]　张晓刚，黄文君，冯冬芹等. 集散控制系统的自诊断技术. 机电工程，2002，19（6）：60-62.

[52]　孙瑾. 浅谈 PID 功能参数及回路整定. 中氮肥，2006，（2）：18-19.

[53]　李重彦. 谈 DCS 装置投运时的参数整定. 陕西煤炭，2006，（2）：43-44.

[54]　孙国锋，马晓燕，王瑞钰. 影响 DCS 选型的几个因素. 山东化工，2005，34（4）：47-49.

[55]　邱华云. DCS 动态流程图画面的设计及组态. 石油化工自动化，2004，（1）：48-50.

[56]　苗立民. 分散控制系统用户组态设计础探讨. 自动化博览，2003，（3）：29-30，32.

[57]　冯毅萍. 工业自动化教学实验室 DCS 系统的设计. 实验室研究与探索，2001，20（4）：93-95.